大飞机出版工程

总主编　顾诵芬

试飞安全风险管理研究

Research on Safety Risk Management of
Experimental Flight Test

张　琼　马　菲　王俊杰　著

上海交通大學出版社
SHANGHAI JIAO TONG UNIVERSITY PRESS

内容提要

本书对国产民机试飞危险源的识别和度量方法进行了初步探索。通过将多元离散模型应用于国产民机试飞危险源识别领域,科学、客观、动态、全面地促进试飞安全管理能力提升。危险源分类、识别过程中,创新性地采用横纵双维度识别法,横向以场景为出发点,纵向以岗位为核心,建立、健全试飞危险源数据库,实现国产民机试飞危险源信息化、动态化的管理,以进一步提高试飞危险源识别和风险预判能力,确保安全、高效地完成民机试飞。本书附录提供了试飞危险源识别样例,以供参考。

本书适于民机试飞安全领域相关工程技术人员和管理人员阅读。

图书在版编目(CIP)数据

试飞安全风险管理研究/张琼,马菲,王俊杰著
. —上海:上海交通大学出版社,2024.4
(大飞机出版工程)
ISBN 978 - 7 - 313 - 29591 - 0

Ⅰ.①试⋯ Ⅱ.①张⋯②马⋯③王⋯ Ⅲ.①民用飞
机—飞行试验 Ⅳ.①V217

中国国家版本馆 CIP 数据核字(2024)第 065954 号

试飞安全风险管理研究
SHIFEI ANQUAN FENGXIAN GUANLI YANJIU

著　者:张　琼　马　菲　王俊杰
出版发行:上海交通大学出版社　　　　　　地　址:上海市番禺路 951 号
邮政编码:200030　　　　　　　　　　　　电　话:021 - 64071208
印　制:上海文浩包装科技有限公司　　　　经　销:全国新华书店
开　本:710mm×1000mm　1/16　　　　　印　张:9.75
字　数:168 千字
版　次:2024 年 4 月第 1 版　　　　　　　印　次:2024 年 4 月第 1 次印刷
书　号:ISBN 978 - 7 - 313 - 29591 - 0
定　价:88.00 元

本书编委会

主　任

张　琼　马　菲　王俊杰

委　员

贾　春　张　浩　岳一笛

吴佳骏　彭天池　侯伟锋

序

民机试飞是民机制造商进行飞机生产之前必须经过的过程。在试飞现场,试飞员、试飞工程师和技术人员需要密切协作,共同完成试飞任务。试飞现场存在着复杂多变的安全风险,如飞机结构失效、设备故障、天气突变等,这些风险可能导致严重事故的发生,甚至威胁人员生命安全。在民机试飞现场,安全是最为重要的一环。因此,安全风险管理在民机试飞现场显得尤为重要。

传统的安全风险管理方法通常采用"一刀切"的方式,对所有岗位和场景一视同仁。这种方法忽略了不同工作岗位之间所面临的风险差异性,也没有考虑到不同场景下的特殊风险因素。因此,在实践中,这种方法可能会导致漏评和误估,从而失去应有的风险控制效果。

为了更好地解决民机试飞现场存在的风险问题,本书创新性地建立了一种基于岗位和场景相结合的风险管理方法。该方法将不同岗位的工作场景相应地纳入到风险评估中,并针对性地采取措施来减轻风险。实践证明,该方法可以有效提高试飞现场的安全管理水平。具体而言,该方法包括以下步骤:确定试飞现场各个岗位的职责和任务,并对每项任务进行全面分析,梳理出涉及的安全风险;根据不同岗位的工作特点,构建相应的风险评估模型;针对不同的工作场景,考虑到场景特殊性和岗位所面临的风险差异,分别设置相应的评估指标和分值;进行实地调研,并结合历史数据和经验,量化各个评估指标的权重,并计算出每个岗位在不同场景下的风险等级;针对每个风险等级,采取相应的措施来减轻风险,对于高风险等级的任务,需要制订详细的安全管理方案,并配备完善的紧急救援措施,对于低风险等级的任务,则可以适当放宽管理要求,提高效率。

本书旨在通过详细阐述基于岗位和场景相结合的风险管理方法,帮助读者了解并掌握这种创新的风险管理方式,结合具体的实践案例和经验,为读者提供在实际操作中如何运用这种风险管理方法的指导,帮助更好地解决民机试飞现场存在的风险问题,以提高民机试飞现场的安全管理水平。同时通过分享这一创新的风险管理方法,期望能够引发行业内更多的讨论和研究,推动民机试飞安全风险管理技术的持续发展和进步。

希望本书的内容能够被广泛地应用到民机试飞的实践中,为降低现场安全风险、保障人员生命安全、提高民机试飞的安全水平作出贡献;希望本书的出版能够成为行业内外交流与合作的桥梁,吸引更多的专业人士、学者和企业加入到民机试飞安全风险管理的研究和实践中来;希望本书能够成为相关培训和教育工作的参考资料,为培养更多具备专业知识和技能的安全风险管理人员提供支持。

最后,衷心感谢所有参与编、审、校和其他为本书出版付出辛勤努力的工作人员,通过大家的创意策划、精心编写和严谨校审,才使得这本书能够顺利出版。

张　琼

2024.3

目　录

第1章　试飞安全风险管理概述

危险源识别就是识别不安全因素并确定其特性的动态管理过程。在试验飞行(试飞)安全管理中体现在两个方面:一是随着试飞任务的进行,提前预知可能出现的不安全因素并制订预防措施;二是在试飞任务过程中,了解过程中可能发生变化的不安全因素及其影响,及时改变管理重点,以期实现动态防范隐患的目的。

近年来,随着国产民机事业的蓬勃发展,国产民机试飞科目和试飞任务不断增加,同时带来新的安全挑战。由于试飞场景的多样性、特殊性和多变性,有效识别国产民机试飞场景核心危险源对精准、高效地进行预测式风险管理至关重要。当前,通用的民航运输危险源识别方法在国产民机试飞领域适用性不强,无法真实、全面、客观地反映国产民机试飞场景中的安全状态,但国内试飞领域尚未有专门针对国产民机试飞的危险源识别方法,国际上的方法存在一定的技术壁垒。因此,研发一种合适的、科学的、全面的、动态的危险源识别方法势在必行。本书的研究内容通过将定性定量的多元离散数学模型应用到国产民机试飞危险源识别中,以期实现从事后风险防控逐步向事前风险防范的转变。

风险管理是一个多层次、多方面的过程,它包括以下几个方面:风险识别、风险分析、风险评估、风险结果评价、风险应对及风险控制,这其中风险识别是风险管理的核心,也是风险管理的基础,涉及识别企业或组织可能面临的各种风险,因此本书主要对风险管理中的风险识别环节作重点研究和剖析。由于目前国内民航系统所使用的危险源识别方法大多基于风险矩阵模型,在实际的应用领域中无法起到指导性功能。为了填补该领域的空白,有效提升精准危险源辨识的需要,本书创新融合多种风险分析识别方法和工具,使用科学的数据矩阵和数据模型,在保证安全的前提下高效地提升试飞科目试验效率,同时基于动态的危险库管理,建立危险源长效管理机制。研究基于试飞场景及其范围内的岗位风险识别方法,以期提升民机试飞安全教育培训质量。

1.1　民航运输领域风险管理研究现状

在民航领域,风险管理是一项至关重要的工作,旨在识别、评估和应对各种潜在的风险因素,以确保飞行安全和运营的可持续性。每一种安全思想的产生都来源于安全生产管理的实践,离不开特定的历史环境和条件,与科学技术的进步与发展密不可分。为了保障民航领域的安全运行,国内外学者一直在此方面进行着深入的研究。

国内对于民航领域风险研究起步较早,相对比较重视。

中国民用航空局徐柏龄曾认真地总结了我国民航的航空安全管理经验和教训,主编出版了《前车之鉴——新中国民航飞行安全回顾与思考》[1]。中国南方航空集团公司王昌顺等[2-4]利用各种方法研究了民航安全的周期性,对我国民航飞行事故率运用谱分析方法进行了分析,验证了民航安全波动规律的存在;同时测定了波动周期,以期为采取有效措施,避免飞行事故的发生提供参考;利用基于风险最小化原理的支持向量机,研究了我国民航安全周期波动转折点预测的问题,并与人工神经网络预测方法进行对比研究,结果表明,支持向量机能够更好地反映我国民航安全周期波动的形态,可以作为探索民航安全周期波动转折点预测问题的一种新方法、新思路。

中国民航大学孙瑞山教授系统研究了民航事故分类方法[5-6],在中国民航大学安全所建立了可用于广泛收集航空安全信息的自愿报告系统[7],孙瑞山的团队针对安全信息分析过程中重视数据的收集、分析和处理,而忽视工作过程中会产生偏见的问题,对偏见开展专项研究,总结了偏见的类型,并从信息分析和信息获取两个角度剖析偏见产生的原因,并分别提出对应的解决办法[8-10]。也曾有学者研究了组织因素[11]、安全管理体系[12]、人为因素[13]、事故预防[14-16]等方面对民航安全的影响。其中,熊安毅等[14]基于民航业中人的因素研究方法进行风险管理研究,指出风险管理中存在的不足,在此基础上提出有必要在民航安全工作中进行人的可靠性研究的观点,并将民航业与核工业中的多项内容进行对比,论证该研究的可行性,为民航安全中人的因素研究提供新的理论指导和可靠的数据支持,最终使人的因素分析结果全面、深入和准确。房牧春[17]提出在研发某机型的过程中采用 IPD 模式可以有效地应对风险及规避威胁,他从项目管理中风险管理角度予以阐述,强调了跨部门合作和信息共享在有效管理风险方面的关键作用。

武汉大学罗帆、佘廉等在航空交通灾害预警管理方面做了开创性研究工作[18-19]。南京航空航天大学王华伟等在航空公司及机务维修领域安全评估方面开展了大量研究[20]。南京航空航天大学胡明华教授研究了民航空管安全管理体系建设问题[21]，提出我国民航应按照国际民用航空组织（ICAO）要求，建设具有适切性、系统性和整体性特征的空管安全管理体系。

除此之外，中国民用航空局航空安全技术中心在利用飞行数据进行飞行品质监控技术研究方面做了大量工作[22]，并先后从人为因素、安全管理基础体系、民航安全经济学应用、民航安全风险监测方法、航空安全信息国际共享等多角度开展研究工作。栗牧怀等[23]阐述了在民用航空领域开展安全经济学应用研究的必要性，杨英宝等[24]按照理论、信息、实证和模拟四个方面全面开展了民航安全风险监测方法研究，并创新性地提出民航安全"两类风险"理论，从理论上提高了对民航安全风险规律的认识，除此之外，提出了我国民航安全信息整合方案，探索了国际民航安全信息共享机制，系统、全面地开展了民航安全风险监测方法实证研究，建立了飞行运行、机务维修、空管、机场等四个专业子系统和行业层面的安全风险监测指标体系和评价模型，开发了民航安全风险监测和预警模拟系统，为安全管理提供决策依据。研究广度和深度达到了世界先进水平，成果已被民航局和地区管理局采纳，广泛应用于民航安全管理工作，为系统安全管理提供了科学手段，实现了对我国民航安全风险的宏观、动态和事前监测。

在空中交通管理方面，中国民用航空飞行学院饶弘等[25]基于系统动力学对空管安全风险情景预警决策模型进行构建，并对于基于系统动力学的空管安全风险情景预警决策模型进行了仿真，其内容包括基础模型情景、初始参数设计以及仿真预测结果分析，其分析结果给相关人士提供了有效的参考。唐家文等[26]也曾通过综合考虑空管系统安全运行管理的特点构建了空管系统安全风险的评价指标体系，并应用欧几里得距离函数对空管系统安全风险评价指标进行组合赋权，确定空管系统安全风险评价指标的组合权重，得到了各个评价指标的安全风险状况，其结果有助于提高空管部门的安全风险管理水平。

民航安全风险管理的可视化界面处理也是一项重要的课题，中国民用航空中南地区空中交通管理局陈思[27]根据我国空管的安全风险管理信息系统的发展情况和特点，从系统的界面设计、安全策略以及功能结构等方面提出了最优化方案，并对优化方案的有效实施和保障措施进行了论证。随着我国民航运输业的快速发展，我国的航空运行安全面临越来越严峻的挑战，因此进行安全风险分析是保证运行安全的前提条件。

空管安全需要动态管理，构建并实施基于问题管理的航空安全风险管理模式是民航空管组织构建的一个方向,中国民用航空华北地区空中交通管理局天津分局华晓晨[28]通过探讨民航空管的安全管理工作如何围绕航空安全问题为中心进行制度、组织、日常管理构建,进一步分析问题的识别、分析和解决,梳理出基于问题管理的民航空管安全风险管理模式所具备的优势及优化建议。

空中交通管制从以事后处理为主,转向了以预防为主,即开展安全风险预警技术研究,这是空中管制发展到了风险预警管理阶段。在通信方面,邱建成等[29]综合分析了空中管制的通信系统的安全性和提高预警技术的方法,并结合实践提出了增强空中交通管制安全的几点建议,为空中交通管制风险处理提供了新思路。

也有学者从航空公司的角度对民航安全风险管理进行研究。安全管理体系是通过组织管理来识别安全风险源、开展风险管控、监督安全保证、实现系统安全的一种管理工具,其区别于传统安全管理的特点是系统安全理念和事前预防管理,其目标是持续提高组织的系统安全水平,其核心是危险源识别和风险管理两个基本过程。周舒红[30]立足安全管理体系的基本理论,从南航湖北分公司飞行安全管理实践出发,结合南航和湖北分公司实施安全管理体系过程中所存在的问题,提出了完善规章制度建设、加强安全责任考核、量化风险分析、推进安全信息新技术应用、推进安全绩效管理、完善安全监管体系、建设新的风险源和安全隐患库、加强安全教育培训、加强安全文化建设等系列改进方案。通过逐步推行各项改进措施,有效预防安全风险、提升安全裕度、前移安全关口,系统提升公司整体安全管理水平,以实现更长久的安全周期。

保证飞行的持续安全是实现我国民航强国战略的基础。航空公司为实现这一目标,采取的主要措施之一是安全管理体系(SMS)建设,而在 SMS 建设中风险管理是关键环节。开展风险管理工作是一项复杂的系统工程,它强调对事故发生前的预防与控制,以达到进一步提升航空公司飞行安全管理水平的目的。谷倩倩[31]详细介绍了飞行安全风险管理中的风险源识别、风险评估、风险控制等三个递进的环节,在风险源识别方面,从 MMEM(man-machine-environment-management)系统理论的角度出发,对以机组人员为主的人为、环境、设备、安全管理 4 个方面分析了影响飞行安全的风险因素。结合近十年飞行事故、飞行事故征候的统计分析结果,对影响因素进行筛选分类整理形成航空公司飞行安全风险评估指标体系;在风险评估方面,考虑到影响飞行安全诸多因素的不确定性,分别采用物元理论、证据理论、证据物元理论建立评估模型,进行飞行安全风险定量评估,并以实例验证模型方法具有可行性与有效性;在风险控制方面,基于以上的风险评估结果,运用 Kalman 滤波算法开展飞行安全系统安全态势的预测分析,得到短时间内飞行安全系统安全状况,并进行实例验证风险评估风险控制;从风险识别得到的飞行安全风险评估指标体系、风险评估得到的飞行安全状况和影响飞行安全的主要因素,以及风险控制得到的飞行安全态势的预测结果,提出降低飞行事故、飞行事故征候发生的措施。所建模型可为航空公司进行飞行安全管理提供可行的方案,同时也对航空公司的 SMS 建设具有参考价值。

在机场安全管理方面,传统机场机坪运行评价方法在确定指标权重方面存在不足,而模糊评价法在确定隶属度时主观判断较多。李明捷等[32]结合通用机场机坪运行特点建立评价指标体系,采用变权和相对差异函数的方法对通用机场机坪运行安全风险进行评估。结果表明,该机场机坪运行风险水平计算结果正确,该方法能客观反映风险源对风险评估值的影响。

近年来,国外学者们对于民航领域风险管理的重视程度也在不断加深。

美国学者麦金太尔在《安全思想综述》[33]一书中系统地总结了美国在安全认知过程中的主要作品和文献,并介绍了出现的各种安全思想流派的背景和贡献。

Nicole Adler 等[34]曾表示,许多民航风险在以前的文献中被确认,然而大多数的风险还没有得到令人满意的解决办法,因此民航安全风险管理迫切性正在增加。消除各级竞争的剩余障碍、拥堵管理、各大洲的开放天空政策、以计算机为中心的空中交通管理系统以及加强对减少环境外部性所需的过程和技术的研究和开发,仍然是未来十年的首要挑战。

Ahmad Baghdadi 等[35]曾基于沙特阿拉伯航空进行风险分析,通过识别与沙特阿拉伯航空建设项目相关的风险,并且评估这些风险对一些沙特阿拉伯民航总局(GACA)项目的后果之后对项目经理专家进行了 13 次半结构化访谈,包括参与 GACA 项目的客户、承包商和顾问。结果发现了 54 个新的风险,并将其分为三个层次:内部、外部和不可抗力。结果证实了 GACA 项目存在时间和成本超支的问题。

Naila Mendes 等[36]通过文献分析发现:目前风险管理工具和模型是被动的,但最近在主动的、互动的和预测性的分析方法方面的研究愈来愈多;同时,使用和开发先进的数据分析工具或人工智能,可以以更有预测性的方式为航空部门减轻风险。

民航领域风险管理的研究人员管理者和决策者可以通过对这些文献的深入阅读,增进对风险管理的理解,并在实际操作中采取有效的风险管理措施,优化了风险管理策略并提高了飞行安全和运营效率。

此外,以上文献也指出了一些研究领域中的潜在挑战和机遇。例如,随着技术的不断发展,航空业面临着新兴的风险,如无人机操作和网络安全威胁。因此,未来的研究可以探索新的风险管理方法和工具,以适应不断变化的民航环境。

总而言之,民航领域风险管理研究现状的综述显示了该领域的重要性和复杂性。这些研究为业界提供了关于风险管理的理论框架、实践案例和未来发展方向的宝贵信息,促进了民航领域飞行安全和运营管理的持续改进。

1.2　试飞安全领域风险管理的实践经验

随着民航技术的飞速发展,试飞安全领域的风险管理显得尤为重要。本节旨在通过综合梳理相关文献和案例,归纳总结目前试飞安全领域风险管理的一些实践经验。从风险评估、事件报告与分析、培训与教育等方面进行探讨,以期为试飞安全领域的风险管理提供参考和借鉴。

1.2.1　安全风险评估

风险评估是试飞安全风险管理的核心环节,对于保障飞行安全和减少事故风险具有重要意义。在风险评估过程中,需要全面评估试验项目中可能存在的各类风险,包括技术风险、操作风险、设计风险等。通过对这些风险进行系统分析和综合评估,可以尽早发现潜在的安全隐患,并采取相应措施进行预防和应对。

在进行风险评估时,需要综合考虑多个因素对试飞安全的影响。首先是试验项目本身的特点和难点。不同的试验项目具有不同的风险特征,需要有针对性地进行评估和管理。例如,某些试验项目可能涉及新技术的应用,需要对技术可行性和安全性进行充分评估。其次是外部环境的因素,包括气象条件、地理环境等。这些因素可能对试飞过程中的安全产生影响,需要纳入风险评估的考虑范围。最后,人为因素也是一个重要的评估对象。试飞员的素质、技能和经验,以及试飞团队的协同能力和配合程度,都会对试飞安全产生重要影响。

为了提高风险评估的准确性和科学性,引入先进的风险评估模型和方法是必要的。其中,事件树分析和故障树分析是常用的模型和方法。事件树分析通过建立事件发展的逻辑关系图,识别可能发生的事件及其概率,从而确定风险的来源和可能的影响。故障树分析则是通过构建故障发生的逻辑关系图,识别故障的概率和可能的后果,帮助评估风险的严重程度。这些模型和方法可以辅助决策者进行全面的风险评估,并为风险管理提供科学依据。

除了引入先进的模型和方法之外,还需要建立完善的数据收集和分析系统,以支持风险评估工作。通过积累和分析试飞过程中的数据,可以识别出潜在的风险点和风险模式,为风险评估提供实际依据。同时,还可以通过各个试飞项目间的数据比对和分析,发现共性问题和经验教训,为风险管理提供借鉴。

风险评估是试飞安全风险管理的核心环节。通过全面评估试验项目中可能存在的各类风险,综合考虑试验项目特点、外部环境和人为因素等多方面因素的影响,引入先进的风险评估模型和方法,以及建立完善的数据收集和分析系统,可以提高风险评估的准确性和科学性。这些实践经验为试飞领域的安全风险管理提供了重要的参考和指导,有助于提升飞行安全水平。

1.2.2　安全事件报告与分析

试飞过程中可能发生的事件和事故具有一定的复杂性和特殊性,这给安全管理带来了挑战。为了及时发现和研究这些事件的原因和机理,进一步完善安全管理体系,需要建立完善的事件报告与分析机制。

试飞安全事件报告与分析的目的是深入了解和总结事件的经验教训,以便采取相应的改进措施。通过对事件进行分类、整理和分析,可以识别出常见的飞行安全问题,并推导出事件发生的原因和机理。这样的分析不仅可以帮助管理者更好地了解飞行安全状况,还可以为制订相应的安全管理措施和飞行规程提供依据。

匿名制度是安全事件报告与分析机制中重要的一环,建立安全事件报告的匿名制度可以有效促进安全文化的建设和信息共享。试飞领域需要建立一个安全和开放的环境,鼓励试飞员和技术人员主动上报事件和意见。通过匿名报告制度,可以消除因个人或团队面临的压力和对报告事件的担忧,保护报告人的隐私,提高报告的真实性和可靠性。同时,匿名报告也有利于加强信息共享与交流,使得各方可以从他人的经验中学习和借鉴,共同提高飞行安全水平。

在完善的事件报告与分析机制中,还需要有有效的沟通和反馈机制。管理者应定期向试飞员和技术人员通报事件报告的处理情况,并及时反馈改进措施的实施情况。通过及时的反馈,可以增强组织对飞行安全的关注和重视程度,提高管理者和从业人员对安全风险的认识和理解。

此外,事件报告与分析还应与其他安全管理环节相结合,形成一个完整的安全管理闭环。通过将事件报告与风险评估、培训与教育、机械设备维护等环节相衔接,可以形成一个相互促进、相互支持的安全管理体系。例如,通过分析事件报告的结果,可以为风险评估提供实践依据,指导风险管理的优化;通过总结事件原因和机理,可以为培训与教育提供具体案例和教训,加强从业人员的安全意识和应对能力。

总结一下,试飞领域建立完善的事件报告与分析机制对于安全风险的管理至关重要。通过对事件进行分类、整理和分析,可以识别出常见的飞行安全问题,并提出相应的改进措施。建立事件报告的匿名制度可以有效促进安全文化的建设和信息共享。此外,与其他安全管理环节相结合,形成一个完整的安全管理闭环,将为试飞领域的安全风险管理提供更加有效的支持和指导。

1.2.3　安全培训与教育

试飞安全领域的风险管理确实需要充分重视人员的培训与教育,这是保障飞行安全的重要环节。

试飞员作为飞行安全的第一责任人,必须具备扎实的专业知识和丰富的实践经验。选拔、培训和评估试飞员的过程至关重要,这些步骤需要能够有效地筛选出合格的试飞员,确保其具备高水平的知识和技能。选拔试飞员时,需要采用严格的选拔标准,对包括身体条件、教育背景、技术能力等方面进行考核,以确保选拔出的试飞员能够胜任飞行任务。

试飞员的培训是提高飞行安全的关键步骤。培训内容应包括飞行技术、飞行器操作、飞行管理和应急处置等方面的知识和技能。在培训过程中,可以采用模拟器和虚拟实境等先进技术,让试飞员在虚拟环境中接受综合训练,提高其应对复杂情况的能力。此外,试飞员还应定期接受安全知识和技能的培训,以不断提升飞行安全意识和应对能力。这些培训措施能够帮助试飞员应对各种意外情况,确保飞行任务的安全进行。

除了试飞员之外,相关技术人员也应接受安全知识和技能的培训,以提高全体人员的飞行安全意识和应对能力。这些人员包括飞行试验工程师、飞行控制员、飞行器维修人员等,他们的工作紧密相关,共同构成了试飞安全领域的保障体系。通过定期培训,他们可以了解最新的安全规范和技术要求,不断提升自身的专业水平和能力,为飞行安全提供有力保障。

为了提高试飞安全的管理水平,建立健全的培训与教育体系至关重要。这一体系应该包括完善的培训课程设置、健全的师资队伍和设备设施支持等方面。

同时,可以借助先进的信息技术手段,如虚拟现实和智能模拟系统,实现远程培训和在线学习,提高培训效率。此外,监督和评估机制也是培训与教育体系的重要组成部分,可以通过定期的考核和评估,确保培训工作的质量和效果。

试飞安全领域的风险管理是保障飞行安全的重要保证。本书综合梳理了目前试飞安全领域风险管理的一些实践经验,包括风险评估、事件报告与分析、培训与教育等方面。通过安全风险评估,可以全面识别和评估试验项目中的各类风险;通过安全事件报告与分析,可以及时改进安全管理体系;通过安全培训与教育,可以提高人员的安全意识和应对能力。这些实践经验对于试飞安全的风险管理具有一定的借鉴和参考意义,同时也为进一步提升飞行安全水平提供了有益启示。

1.3　国外试飞安全风险管理实践经验

世界主流民机制造商,如美国波音公司和欧洲空客公司,在试飞安全风险管理方面都采取了一系列的实践措施。本节是对波音公司和空客公司的试飞安全风险管理实践的介绍。

1.3.1　波音公司

1) 试飞计划和评估

波音公司在进行试飞之前,会制订详细的试飞计划,并评估可能存在的风险和挑战。他们会考虑飞行条件、机型特性以及试验需求等因素,以确保试飞过程的安全性和有效性。波音公司作为世界领先的航空公司,对于试飞计划的制订非常重视。

首先,波音公司会考虑飞行条件。他们会详细了解试飞地点的气候状况、空气质量和天气情况等因素,这有助于评估试飞过程中可能会面临的天气极端情况或其他不利因素,并做好应对措施。其次,波音公司会考虑机型特性。他们会仔细研究试飞的具体机型的技术参数、设计特点和性能表现等,这有助于充分了解飞机的各项特性,包括起飞速度、爬升率、机动性等,从而制订出相应的试飞计划。此外,试验需求也是波音公司考虑的重要因素之一。他们会根据试飞的目的和要求,确定试验的内容和步骤。例如,他们可能会进行不同高度、速度和负载条件下的试验,以评估飞机的性能表现和适应性等。在制订试飞计划的过程中,波音公司会利用先进的模拟技术和数据分析手段来预测可能的风险和挑战。他们会通过计算机模拟和虚拟飞行测试来模拟不同的飞行场景,并评估飞机的性能和安全性,这有助于他们通过模拟试飞过程,减少实际试飞中的风险,并提高试飞过程的有效性和安全性。最后,波音公司还会与试飞员和相关专家进行紧密合作。他们会与试飞员共同制订试飞计划,并听取他们的意见和建议。试飞员的经验和专业知识对于评估飞行条件和飞机特性非常重要,他们能够提供宝贵的指导和反馈,确保试飞过程的安全性和有效性。

2) 试飞前的系统验证

在试飞之前,波音会对飞机的各个系统(如飞行控制系统、电气系统、发动机等)进行全面、仔细的验证和测试,以排除潜在的问题,确保其在试飞过程中的可靠性和安全性。这是非常重要的一步,因为试飞过程中的任何系统故障或不稳定性都可能导致严重的后果,说明如下。

(1) 飞行控制系统是试飞过程中最关键的系统之一。波音公司会对飞行控制系统的软件进行详细的验证和测试,以确保其功能正常,并能够准确响应飞行员的指令。测试过程包括模拟测试和实际飞行测试,以验证飞行控制系统在各种飞行条件下的性能和稳定性。

(2) 电气系统也是试飞过程中不可忽视的部分。波音公司会对飞机的电气系统进行详细的检查和测试,以确保其正常运行并能够提供稳定的电力供应。他们会检查电子设备的连通性和电源供应的稳定性,以及电气系统的过载和故障保护机制是否正常工作。

(3) 发动机也是试飞过程中需要特别关注的系统之一。波音公司会对发动机进行全面的测试和验证,以确保其能够提供足够的推力,并且在各种飞行条件下运行稳定。他们会检查发动机的燃油供应系统、涡轮喷气引擎的性能以及排气系统的有效性,以确保发动机在试飞过程中的可靠性和安全性。

(4) 为了排除潜在的问题,波音公司会进行各种环境和应力测试。他们会对飞机在极端温度和湿度条件下的性能进行测试,以确保其在各种环境下依然稳定运行。此外,他们还会进行结构强度和疲劳测试,以验证飞机在长时间使用和各种飞行载荷下的可靠性和安全性。

(5) 除了系统的测试和验证之外,波音公司还会对试飞前的准备工作进行全面的检查和确认。他们会检查飞机的航空设备和导航系统是否正常工作,以及飞机的负载和平衡是否符合要求。他们还会确保试飞过程中所需的工作人员、设备和材料都得到充分准备和安排。

3) 试飞风险管理团队

波音公司组建了专门的试飞风险管理团队,他们负责评估试飞中可能出现的各种风险,并制订相应的控制措施和应急计划。他们通过分析试飞数据和风险报告,及时识别和应对潜在的风险。

试飞风险管理团队会借助先进的数据分析技术和专业领域知识,对试飞过程中的潜在风险进行全面评估。他们会收集和分析试飞数据,包括飞机性能参数、系统故障报告和试飞员的反馈等。通过这些数据的分析,他们能够识别并解读潜在的风险,从而制订相应的控制措施。

在评估风险时,试飞风险管理团队会考虑多个方面。首先,他们会评估试飞中可能的机械故障和系统故障风险。他们会审查试飞过程中是否有可能导致飞机失控或性能下降的潜在故障点,并制订相应的监控和检测措施,以及紧急情况的处理方案。其次,他们会评估试飞过程中可能的天气极端情况和飞行条件风险。他们会考虑试飞地点的气候特点,并预测可能出现的天气变化和极端情况。在制订试飞计划时,他们会将这些因素纳入考虑,并制订相应的飞行限制和操作规程,以确保试飞过程的安全性。再次,他们会评估试飞员的技术能力和试飞操作风险。他们会对试飞员进行评估和培训,确保他们具备足够的技术和经验应对潜在的飞行风险。团队还会制订试飞员的工作流程和应急训练计划,以确保试飞过程中的人员安全和飞行操作的有效性。最后,为了及时应对潜在的风险,试飞风险管理团队还会制订相应的应急计划。他们会预测可能出现的紧急情况,制订相应的应急措施,并进行模拟训练,以确保所有相关人员能够迅速、有效地应对突发情况。

4) 试飞员培训和标准

为了确保试飞过程的安全性,波音公司对试飞员进行严格的培训和评估,以确保他们具备足够的飞行经验和技能。他们致力于培养专业的试飞员团队,以确保试飞过程的准确性和安全性。

(1) 波音公司会为试飞员提供全面的飞行培训。这包括理论课程和实践操作的培训,以确保试飞员具备足够的知识和技能。培训课程涵盖飞行原理、飞行控制系统、机型特性以及紧急情况处理等内容。通过这些培训,试飞员能够深入了解飞机的工作原理和性能特点,以及在不同飞行条件下的操作技巧。

(2) 波音公司会对试飞员进行实践操作和模拟飞行训练。他们会提供先进的飞行模拟器设备,模拟各种飞行场景和紧急情况,以帮助试飞员熟悉飞机的操作和应对突发情况的能力。试飞员需要完成一定的实践飞行小时数,以获得丰富的飞行经验。

(3) 除了培训之外,波音公司还对试飞员进行定期的评估和考核。他们会进行飞行技能测试和知识考试,以检验试飞员的能力和掌握程度。这些评估和考核主要侧重于试飞员的飞行技术、决策能力和应对紧急情况的能力。波音公司还会定期进行医学检查,确保试飞员身体健康,能够承受长时间和高强度的试飞工作。

(4)在试飞过程中,波音公司制定了一系列的试飞标准和程序,以确保试飞员在试飞过程中遵循安全准则,并能够做出正确的决策。这些标准和程序涵盖飞行操作、飞行控制、紧急情况处理等方面。试飞员需要遵守这些标准和程序,并严格按照试飞计划进行飞行。同时,他们也需要根据实际情况做出正确的决策,并及时报告任何潜在的飞行风险或系统问题。

(5)波音公司还鼓励试飞员积极参与飞行经验的分享和交流。试飞员会定期进行经验交流会议和讨论,分享自己的飞行经验和教训,以提高整个试飞团队的飞行水平和安全意识。

1.3.2　空客公司

1)试飞前的模拟和仿真

空客公司利用先进的计算机模拟技术,根据设计参数和飞机的结构特征,创建一个虚拟的飞行环境。他们使用高性能计算机和精确的数值模型,模拟飞机在不同气象条件、不同航线和不同飞行阶段下的表现。这样可以全面评估飞机在起飞、巡航、下降和着陆等各关键阶段的性能。

同时,模拟和仿真技术也可以模拟各种异常情况,如引擎故障、电子设备故障、气动力异常等。空客公司通过模拟,了解异常情况对飞行安全和飞机性能的影响,并分析飞机在这些情况下的应对能力。这样可以帮助他们发现潜在的风险并制订相应的控制策略和应急计划,以确保飞机在实际飞行中的安全性和可靠性。

模拟和仿真工作还能够帮助空客公司优化飞机的设计和改进工艺流程。通过模拟和分析,他们可以发现设计上的不足和改进空间,以提高飞机的性能和效率。此外,模拟和仿真还可以减少实际试飞的次数和成本,提高试飞的效率和安全性。

空客公司还利用模拟和仿真技术进行人员培训。他们可以创建一个真实的飞行环境,让试飞员进行模拟飞行训练。这样可以提高试飞员的应对和应急反应能力,使他们在实际飞行中更加熟悉和自信。

2)试飞计划和分阶段测试

空客公司的试飞计划非常详细,会分为不同的阶段进行测试。他们会按计划测试飞机的各个系统和性能,并在每个阶段进行评估和验证,以确保飞机在实际飞行中的安全性和可靠性。这种分阶段的测试方法有助于早期发现和解决潜在的问题,提高试飞的安全性和效率。各阶段测试重点如下。

(1)在试飞计划的初期阶段,空客公司会进行地面测试。地面测试主要包括对飞机的机械结构、电子系统、飞行控制系统等进行全面的检查和验证。他们会通过检查仪器和设备的工作状态,验证各个系统的功能正常性。同时,还会进行各种系统的模拟测试,模拟不同的飞行场景和异常情况,以确保系统能够正常运行并进行相应的应对。

(2)飞行前,空客公司会进行模拟测试。他们会利用先进的飞行模拟器,模拟各种飞行情况和异常情况,如起飞、巡航、下降、着陆等。通过模拟测试,他们可以验证飞机在不同飞行阶段的性能和响应能力。同时,他们还会模拟各种紧急情况,如引擎故障、气象恶劣等,以评估飞机在这些情况下的应对能力。

(3)在模拟测试通过后,空客公司会进行实际试飞。试飞时,他们会逐步测试飞行各阶段飞机的系统和性能,包括起飞、爬升、巡航、下降、着陆等。试飞团队会密切关注飞机的各项指标和参数,如速度、高度、姿态等,并记录和分析相关数据。同时,他们还会模拟各种异常情况,以测试飞机的应急反应和控制能力。

(4)在整个试飞过程中,空客公司还会进行持续的飞行数据分析和评估。他们会将飞行中获得的数据与模拟测试的结果进行比对,以验证模拟测试的准确性和可靠性。同时,他们还会通过飞行数据的分析,发现潜在的问题和改进空间,并及时采取相应的措施。

3)试飞团队的多领域专业知识

空客公司的试飞团队由各个领域的专家组成,包括试飞员、工程师、飞行控制专家等。他们共同合作,集中各自的专业知识和经验,在试飞过程中,共同识别和解决各种潜在的风险和挑战。

试飞团队中,试飞员是关键的成员。他们具有丰富的飞行经验和专业知识,熟悉飞机的操作和飞行特性。试飞员会担任飞行任务的主要执行者,负责驾驶飞机进行试飞。他们通过实际的操控,对飞机的性能和响应进行评估,并向试飞团队提供宝贵的反馈和建议。

工程师在试飞团队中起着至关重要的作用。他们负责飞机的设计、制造和测试工作。工程师会在试飞前对飞机进行全面的检查和评估,确保各个系统和部件的正常运行。在试飞过程中,工程师会监控飞机的性能和指标,并分析飞行数据,以发现潜在的问题和改进空间。他们会与试飞员紧密合作,共同解决飞机在试飞过程中出现的技术难题。

试飞团队还包括飞行控制专家。他们负责飞机的飞行控制系统的设计和测试。飞行控制专家会通过模拟和仿真,对飞机的飞行控制系统进行全面的验证和评估。在试飞过程中,他们会监控飞机的飞行稳定性和操纵性,并确保飞机能够按照预定的飞行参数进行飞行。试飞团队的专家们会进行密切的协作和沟通,共同解决各种潜在的风险和挑战。他们会定期召开会议,讨论试飞计划和测试结果,并根据实际情况进行相应的调整和改进。同时,他们还会与其他部门和合作伙伴进行紧密合作,共同推动试飞工作的顺利进行。

空客公司注重培养和发展试飞团队的专业能力。他们会定期进行培训和知识分享,使试飞团队始终保持对最新技术和发展趋势的了解。这样可以不断提升试飞团队的专业水平,确保他们能够胜任各种复杂的试飞任务。

4)试飞数据分析和持续改进

空客公司采集并分析试飞期间的大量数据,以评估飞机的性能和安全性。他们利用这些数据来改进飞机设计和系统,进一步提高飞行的安全性和可靠性。同时,他们还定期对试飞的流程和方法进行评估和改进,以适应不断变化的需求和技术。

试飞期间的数据采集是通过各种传感器和监测设备进行的,这些设备会收集飞机在试飞过程中的各种参数和指标,如速度、高度、姿态、温度、压力等。这些数据会被记录下来,并进行详细的分析和解读。空客公司的专业团队会对试飞期间采集的数据进行深入的分析和评估,他们利用先进的数据分析技术和算法,对数据进行处理和挖掘,以发现潜在的问题和改进空间。通过对数据的统计和比对,他们能够更加准确地评估飞机的性能和安全性,并提出相应的改进建议。这些数据分析的结果将被用于改进飞机的设计和系统,空客公司会根据数据分析的结果,优化飞机的结构和材料,提高飞机的性能和效率。同时,他们还会对飞行控制系统进行改进,以提高飞机的操控性和安全性。

除了改进飞机设计和系统之外,空客公司还会定期对试飞的流程和方法进行评估和改进。他们会根据试飞期间的经验和数据分析的结果,对试飞的流程进行调整和优化。这样可以使试飞工作更加高效和安全,并适应不断变化的需求和技术。

此外,空客公司还注重与其他行业和研究机构的合作。他们会与航空领域的专家和学术机构进行合作,共享数据和经验,以加强试飞工作的研究和创新。这种合作有助于推动飞机试飞技术的发展,提高试飞工作的水平和质量。

第 2 章　试飞危险源识别理论

民航运输行业内多依赖于风险矩阵、头脑风暴法或者故障树分析来识别危险源,这些方法的适用场景和范围是基于结果的,是一种事后复盘的评价过程,并且评价的要素多为不可定量的,主观因素介入过多,评价结果的可靠性无法确定。目前民机试飞安全领域使用的风险辨识工具为风险矩阵(LS)法和作业条件危险性分析(LEC)法。这两个工具的使用领域相对独立,风险评价结果数值为半定量或伪定量,无法真实反映试飞业务领域中的核心风险。因此,研究一种合适的、科学的风险识别方法,将事后风险防控逐步转向事前风险防范势在必行。

从过程评价所使用的方法工具来看,若不能利用合理的风险管理手段和危险源风险辨识工具,对核心业务的关键任务、关键步骤、关键岗位和关键场景进行有效识别,将会导致风险控制措施制订得不合理或不具可操作性,比如预案、程序规定、管理制度等条款的实用性不强、岗位说明书里的岗位职责和岗位风险无法与实际业务中的匹配、训练大纲、课程内容与实际开展的业务关联度和黏性不高。

2.1　基本概念

试飞安全风险管理主要从以下三个层面开展:试飞科目风险,试飞场景风险,试飞岗位风险。通过全流程风险管控来保障试飞安全风险可控。

安全风险管理就是识别并确定风险特性和危险程度的动态管理过程。这体现在两个方面:一是随着工作任务的进行,提前预知可能出现的危险源并制订预防措施;二是在任务管理过程中,了解过程中可能发生变化的危险源带来的影响和形式,及时改变管理重点,以期达到防范动态控制隐患的目的。由于影响试飞安全的危险源是多种多样且呈非线性特征关系。本书将试飞风险影响因素进行分类,构建试飞风险影响因素关系概念模型,并通过 SPSS 软件分析其相互间的影响关系,确定影响度最大的主要成分因素。

1) 试飞安全

试飞是指飞机、发动机、机载设备、机上各系统及试飞运行和保障人员在真实的飞行条件下进行的各种试验。试飞过程包括试飞设计、试验机改装、机务保障、场务保障、地面试验、飞行实施和飞行训练等。试飞安全的基础和核心是试飞安全,它是贯穿在与试飞任务相关的各个方面和各个环节的一个全局性命题。

2) 试飞场景

试飞场景是指民机试飞过程中一种有组织、有目的的系统,它包括相互关联和相互依赖的要素和组成部分,以及为执行特定活动或解决问题而制订的相关制度规范、操作程序和实施方法。

3) 试飞关键岗位

试飞关键岗位是指在试飞过程中,在新型型号、新型飞机或其他飞行器研发完成后,由制造商授权进行试飞的专业人员,包括试飞员和试飞工程师等。这些关键岗位是飞机和飞行器研制过程中的重要环节,也是实现空中梦想和保障飞行安全的重要保障。试飞关键岗位的主要任务是在飞机或飞行器制造完成后,进行各种试验和测试,验证其性能、安全性和可靠性,并发现和排除其中的问题和缺陷。

4) 试飞危险源

试飞安全作为试飞保障的基本要求,涵盖内容多,范围广,涉及人员多,贯穿整个飞机研制流程。根据国际民航组织《安全管理手册》的定义,危险是指可能造成航空器事故或事故征候的情况或物体。

在试飞场景中,定义可能导致人员受到伤害、患病或死亡,或者试验架机、飞机系统、其他与试飞相关的设备、财产遭到损坏或破坏,或者试飞环境受到破坏的,任何现有的或潜在的危险源为试飞危险源。

5) 过程性因素

过程性因素是试飞危险源影响因素之一,从过程管理中得到。在过程性因素中,各因素具有独立的归属属性,但相互影响。例如心理性因素、生理性因素往往影响能力发挥;非健康的组织管理中缺乏严格的约束条款,导致安全文化过度紧张或过度松散,存在缺陷的管理威胁试飞安全;在组织中没有详细的聘用标准,员工可能缺乏岗位工作胜任能力;长期从事某一项工作所造成的职业倦怠可能使员工漠视安全方面的流程和标准,影响试飞安全等。

6) 结果性因素

结果性因素是试飞危险源影响因素之一,从结果回溯中得到。在结果性因素中,各因素之间存在相互影响和约束的情况。如航空器在系统故障情况下,试飞员的处理和反应将很大程度影响飞机表现的可接受性。在特情情况下,没有良好的心理素质和抗压能力,可能引发操作技能失效和决策失误,进一步造成试飞不安全事件。

综上所述,为了更好地研究系统风险的内在关联,将试飞危险源影响因素分成过程数据和结果数据两大类进行研究与分析。

2.2　试飞危险源识别因素

危险源识别可以从时态、状态、区域、缺陷、危险因素等角度考虑。由技术专家、风险管理专家和体系建设专家组成的专家组,会通过收集的历史数据对过程性因素和结果性因素进行识别,并评估和确定试飞危险源影响因素集。常见试飞危险源识别因素集如图 2.1 所示。

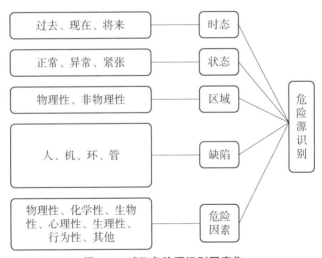

图 2.1　试飞危险源识别因素集

危险源识别过程包括隐患数据收集、数据标准化处理、相关性分析等步骤,通过以上步骤得出对试飞安全有重要影响的风险因素如表 2.1 所示。下面将通过一组隐患数据案例分析对该危险源识别因素的得出过程做说明。

表 2.1 试飞危险源识别因素集分类

影响因素类型	具 体 因 素
结果性	A_1 为未佩戴劳防用品;A_2 为违规吸烟;A_3 为未进行施工现场管理;A_4 为未进行消防设施/设备维保;A_5 为人员迟到或脱岗;A_6 为危险作业
过程性	B_1 为安全责任;B_2 为制度程序;B_3 为安全教育培训;B_4 为应急演练;B_5 为台账记录;B_6 为安全检查和隐患整改

1) 试飞安全结果性数据收集

从表 2.1 的因素集中选取以下 6 个结果性因素,对历史数据和问卷调查数据根据风险等级进行整理和统计,得到的反馈结果如表 2.2 所示。

表 2.2 试飞风险结果性因素数据统计情况

风险等级	A_1	A_2	A_3	A_4	A_5	A_6	总计
低	1	1	2	4	1	1	10
中	1	2	2	6	1	3	15
高	3	1	3	2	2	2	13

2) 试飞安全过程性数据收集

优化质量过程管理能够有效降低安全风险,对于预防试飞事故的发生至关重要。从表 2.1 的因素集中选取 6 个过程性因素,对历史数据和问卷调查数据根据风险等级进行整理和统计,得到的反馈结果如表 2.3 所示。

表 2.3 试飞风险过程性因素数据统计情况

风险等级	B_1	B_2	B_3	B_4	B_5	B_6	总计
低	1	2	4	3	3	4	17
中	1	6	5	4	6	4	26
高	2	3	2	5	2	4	18

3) 相关性分析

以 2018—2020 年隐患数据库为案例,对其进行分析,发现其中重复问题项 101 项,占比 48.1%。重复问题类型主要集中在质量安全意识薄弱,消防设施/设备维保、施工现场管理、程序与台账记录缺陷,隐患整改落实,质量安全教育培训等方面。

由于试飞安全危险源因素的多样性、特殊性和多变性,有效分析民机试飞风险影响因素对精准、高效地进行预测式的风险管理至关重要。下面将对各危险源因素之间的相关性进行分析。

(1)结果性因素主成分分析。

利用 SPSS 软件计算可得标准化后的变量间的相关系数矩阵,具体如表 2.4 所示。当特征根大于 1 时可提取出主成分因素。由表 2.4 的值相关性分析共提取出 2 个主成分因素,由表 2.5 总方差解释表可知,2 个主成分累积方差百分比为 100%,说明原有 6 个变量的信息量是可以被新的主成分概括的。成分得分系数矩阵详见表 2.6 和表 2.7。

表 2.4　相关性分析

相关性	A_1	A_2	A_3	A_4	A_5	A_6
A_1	1.000	-0.500	1.000	-0.866	1.000	0.000
A_2	-0.500	1.000	-0.500	0.866	-0.500	0.866
A_3	1.000	-0.500	1.000	-0.866	1.000	0.000
A_4	-0.866	0.866	-0.866	1.000	-0.866	0.500
A_5	1.000	-0.500	1.000	-0.866	1.000	0.000
A_6	0.000	0.866	0.000	0.500	0.000	1.000

注:此矩阵不是正定矩阵。

表 2.5　总方差解释

成分	初始特征值			提取载荷平方和		
	总计	方差百分比	累积/%	总计	方差百分比	累积/%
1	4.323	72.048	72.048	4.323	72.048	72.048
2	1.677	27.952	100.000	1.677	27.952	100.000
3	2.776×10^{-16}	4.626×10^{-15}	100.000			
4	-2.728×10^{-16}	-4.547×10^{-15}	100.000			
5	-1.110×10^{-16}	-1.850×10^{-15}	100.000			
6	-2.220×10^{-16}	-3.701×10^{-15}	100.000			

注:提取方法为主成分分析法。

表 2.6 成分矩阵

因素	成 分	
	1	2
A_1	0.937	0.349
A_2	-0.771	0.637
A_3	0.937	0.349
A_4	-0.986	0.166
A_5	0.937	0.349
A_6	-0.349	0.937

注:提取方法为主成分分析法;提取了 2 个成分。

表 2.7 成分得分系数矩阵

因素	成 分	
	1	2
A_1	0.217	0.208
A_2	-0.178	0.380
A_3	0.217	0.208
A_4	-0.228	0.099
A_5	0.217	0.208
A_6	-0.081	0.559

注:提取方法为主成分分析法。

$$\begin{cases} F_1 = 0.217B_1 - 0.178B_2 + 0.217B_3 - 0.228B_4 + 0.217B_5 - 0.081B_6 \\ F_2 = 0.208B_1 + 0.380B_2 + 0.208B_3 + 0.099B_4 + 0.208B_5 + 0.559B_6 \end{cases}$$

式中,F_1,F_2 为相关性系数。

由上述公式可得出 A_1,A_3、A_5(分别为未佩戴劳防用品、未进行施工现场管理、人员迟到或脱岗)在第一主成分相关系数靠前,对应所占的影响载荷也较大;A_2,A_6(分别为违规吸烟、危险作业)在第一主成分相关系数较高;故可将第一主成分定义为 A_1 和 A_3,第二主成分定义为 A_6。通过综合得分函数 $Q = \lambda_1 F_1 \Big/ \sum_{i=1}^{n} \lambda_i + \lambda_2 F_2 \Big/ \sum_{i=1}^{n} \lambda_i$($\lambda$ 为总方差解释表中的方差百分比)对得分进行降序排列,生成风险程度的名次,从平方结果可知综合排名越高风险等级越低,具体如表 2.8 所示。

表 2.8　综合评价得分

风险等级 (升序)	A_1 和 A_3	A_6	综合评价	
	F_1	F_2	Q	排名(降序)
1	0.453	4.398	0.417 606 462	1
2	0.3	7.408	0.276 560 571	2
3	−0.696	5.119	−0.641 620 524	3

（2）过程性因素与结果性因素相关性分析。

为了研究过程影响因素总频次与综合排名的相关性,采用 SPSS 软件进行相关性分析,结果表明过程影响因素总频次与综合排名的显著性 $P<0.001$,且相关系数为 0.990,即存在显著的正相关。

（3）回归检验。

采用回归分析进行检验,如表 2.9 所示,$F=99.646$,显著性小于 0.005,拒绝模型无效假设,说明该模型整体可靠,即回归模型的线性关系是显著的。说明综合排名每增长 1 单位,结果事件总频次平均增长 4.128 单位。

表 2.9　回归分析结果

模型	未标准化系数		标准化系数 Beta	t	显著性	F	显著性	R^2
	B	标准错误						
（常量）	20.261	3.533	—	−5.735	<0.005	99.646	<0.005	0.232
综合排名	4.128	7.517	.481	.549	<0.005			

应用以上进行分析后发现,过程性因素和结果性因素之间相关性较高。可以相关替换使用对危险源进行识别。

2.3　试飞科目风险流程管控方法

试飞科目风险管控分为三个阶段,分别为:试飞风险分析(THA)阶段、试飞安全审查委员会(SRB)阶段、试飞安全评估(SOF)阶段(见图 2.2)。该三阶段管理模式通过从风险识别、分析到缓解实现闭环管控。通过对试飞科目风险与构型状态导致的风险并行分析,识别试飞风险,通过风险降低措施落实跟踪表,控制和管理风险降低措施,实现多维度、立体化的科目风险评估工作。

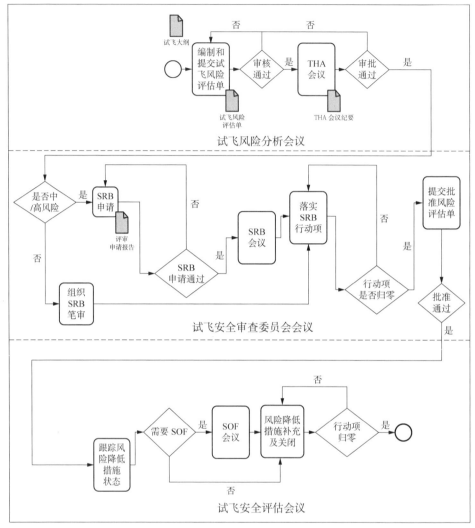

图 2.2　试飞科目风险三阶段管理模式

2.3.1　试飞科目风险评估方法

进行试飞科目风险评估时,参考 FAA Order 4040.26B *Aircraft Certification Service Flight Test Risk Management Program*,采用 5×5 的风险等级矩阵(见图 2.3)进行试飞科目风险评估。试飞科目风险评估基于试飞大纲类文件(包括试飞大纲、生产试飞程序、交付试飞程序或协调单等)约定的试飞要素开展,如科目试飞点状态、试飞方法、试飞条件等。所评估的试飞科目风险等级为首次执行该科目等级。试飞科目风险评估主要步骤包括以下几方面:

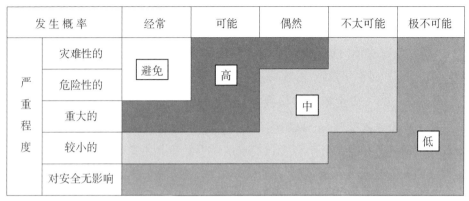

图 2.3　试飞科目风险等级矩阵

（1）识别试飞科目相关的风险。

（2）分析风险致因和后果。

（3）制订风险降低措施。

（4）制订在风险发生时应执行的应急处理程序。

（5）评估采取风险降低措施后的科目风险等级。

（6）根据风险评估结果，编制试飞风险评估单。

2.3.2　试飞风险分析会议

课题工程师在编制完成试飞风险评估单初稿后，组织召开试飞风险分析（THA）会议，以会议形式组织科目相关人员，集体识别危险源、制订降低风险措施、应急处理程序和确定试飞科目风险等级（见图 2.4）。

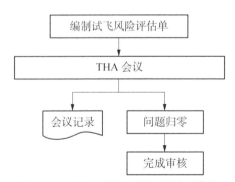

图 2.4　THA 阶段风险评估活动示意图

THA 会议上课题工程师介绍试飞方法理论基础、风险分析，以及前置条件是否充分等相关试验材料,组织参会人员对试飞风险评估单内容进行详细讨论和提出修改意见。

THA 会议提出对试飞风险评估单的完善意见,编制会议纪要,并向 SRB 办公室提出 SRB 评审申请。

2.3.3　试飞安全审查委员会会议

试飞安全审查委员会(SRB)会议是通过专家组对试飞风险评估单进行集体审议并给出评审结论的环节。会议要求邀请不低于 2 名专业相关专家以及实施各试飞相关专业人员参会,成立评审组,对试飞风险评估单进行评议审核。通过 SRB 评审的风险评估单完成签署后,试飞科目转入实施阶段(见图 2.5)。

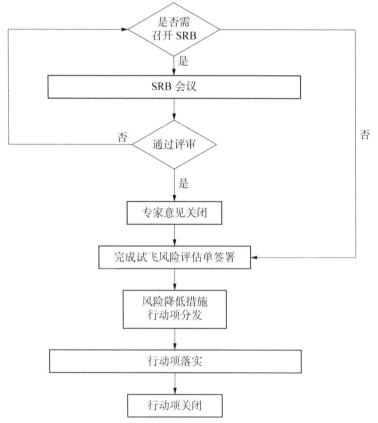

图 2.5　SRB 阶段风险评估活动示意图

会议由 SRB 办公室组织。会议内容包括相关材料介绍、质询和解答、技术讨论评议、给出意见建议清单和评审结论。

SRB 会议形成相关意见建议清单和评审报告,评审报告由评审组组长批准。试飞风险评估单编制人员根据评审意见建议清单落实相关会议行动项,修订试飞风险评估单并完成文件签署。

2.3.4　试飞安全评估会议

试飞安全评估(SOF)是在试飞实施前通过集体会议形式检查试飞风险降低措施落实情况,根据试飞实施计划评估是否因为试飞实施条件(机场、空域、气象)、飞机构型变化、测试改装等因素产生新的风险(见图 2.6)。

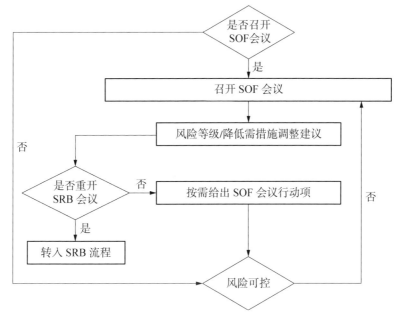

图 2.6　SOF 阶段风险评估活动示意图

SOF 会议由试飞运行部在科目试飞实施前按需组织召开。会议包括如下内容:①各部门确认与本部门职责相关工作的试飞风险是否可控;②结合飞机构型、测试改装、保障条件等情况,讨论试飞科目实施是否存在新增危险源、新增风险降低措施或者应急处理程序;③针对新增危险源,分析试飞风险、制订风险降低措施或应急处理程序等;④针对已识别的危险源,讨论是否需要补充风险降低措施或应急处理程序等;⑤讨论确定飞机保留故障对试飞科目实施的影响;⑥评估试飞科目实施的安全风险是否可控。

会议给出是否存在新增危险源、试飞风险是否可控的结论,并编制会议纪要。会议补充的风险降低措施和应急处理程序纳入试飞风险降低措施集中管控。如 SOF 会议提出风险等级需要改变或试飞风险评估单内容有 SOF 无法决策的重大更改,则需要重新召开 SRB 会议。

2.4　现有危险源识别方法存在的问题

1) 危险源识别方法不规范

常见的危险源识别方法有工作危害分析(JHA)法、质量安全检查表(SCL)法、直观经验分析法和危险源提示法等。JHA 法是对每一项作业过程进行分析,逐步查找作业过程中可能出现的危险源;SCL 法是对工程、系统设计、装置条件、维修等过程,按照事先编制好的质量安全检查表逐项进行详细检查,以发现系统中存在的危险源,该方法应用于审核工作或日常的质量安全检查工作;危险源提示法是针对某一作业场景事先编制好危险源提示表进行辨识。目前,民机试飞安全在危险源辨识方面的工作尚未形成具体的规范和方法。

2) 危险源识别工具单一

在识别具体危险源时,需要综合利用一些专门的工具,以保证高效率地识别危险源且不发生遗漏,这些工具包括德尔菲法、头脑风暴法、态势分析(SWOT)法、工作安全分析(JSA)法、作业条件危险性分析(LEC)法、预先危险性分析(PHA)法、危险与可操作性分析(HAZOP)法、故障树分析(FTA)法、事件树分析(ETA)法、Bow - Tie 分析法、风险矩阵(LS)法、检查表和图解技术等。不同的风险辨识工具对应不同的应用领域和优缺点,比如 JSA 法适用于分析无程序管理或程序偏离常规作业的工作任务;LEC 法是对具有潜在危险性作业环境中的危险源进行半定量的质量安全评价方法;LS 法如果和 HAZOP 法组合,可以找出系统中潜在的危险源;FTA 法是由上往下的演绎式失效分析法,主要用在质量安全工程以及可靠性工程的领域,用来了解系统失效的原因,并且找到最好的方式降低风险状态。目前民机试飞安全领域使用的风险辨识工具仅为 LS 法和LEC 法,并且两个工具的使用领域相对独立,风险评价结果数值为半定量或伪定量,无法真实地反映试飞业务领域中的核心风险,因此制订的风险控制措施在手册体系中过于笼统。

3) 危险源控制手段不健全

从绩效评价结果来看,由于绩效指标的设定基于经验值,因此绩效指标的监控和触发预警的结果不能完全客观地反映实际的质量安全状态;同时由于未建立相关的记录档案,导致对于员工的岗位胜任力和质量安全状态评估是不全面的。

综上所述,现有的危险源识别方法不能满足当前的试飞安全管理现状和过程,构建一种新型的,能够为科目、场景、岗位等试飞全流程提供安全风险管理的危险源识别方法十分必要,以规避现有的危险源识别方法只能适应单一识别工具的弊端。

第3章 基于离散模型的危险源识别方法构建与实施

3.1 技术路线

本章将构建基于离散模型的危险源识别方法。该方法的危险源分类原理基于人为因素领域的 SHEL(software-hardware-environment-liveware)模型,应用 SHEL 模型的原理指导对场景、岗位等不同层级下的危险源因素进行识别、分类;再采用多元离散模型作为赋值、定量工具,分析危险源识别结果。图 3.1 所示为试飞场景危险源识别方法的流程图。图 3.2 所示为试飞场景危险源识别系统的原理图。

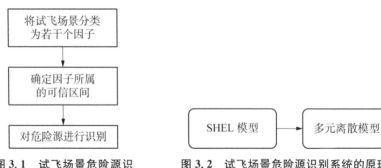

图 3.1 试飞场景危险源识别方法的流程图

图 3.2 试飞场景危险源识别系统的原理图

3.1.1 基于场景风险的危险源识别方法

应用基于 SHEL 模型和多元离散模型的危险源辨识系统对民机试飞安全的特殊业务场景进行识别,通过运用多种风险评估的方法和工具,如 LS、HAZOP 和 LEC,输出基于业务场景的危险源识别清单(见图 3.3)。

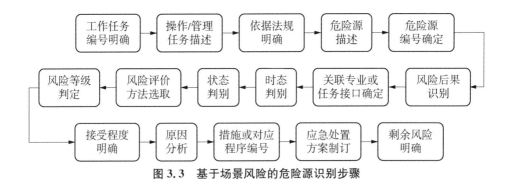

图 3.3　基于场景风险的危险源识别步骤

3.1.2　基于岗位风险的危险源识别方法

在场景危险源清单基础上,采用工作安全分析(JSA)法辨识岗位危险源,建立岗位安全风险动态评估表(JSL)。

JSA 法是适用于分析无程序管理或程序偏离常规作业的工作任务的一种危险源辨识方法,可以有效地填补风险评估过程中的空白。采用 JSA 法的优势在于,可以事先或定期对某项工作进行工作安全分析,识别危害因素,评价风险,并根据评价结果制订和实施相应的控制措施,达到最大限度消除或控制风险的目的。评估人员应由管理、技术、质量安全、操作等人员组成,熟悉 JSA,了解工作任务、区域环境和设备,熟悉相关的操作规程。按照"谁的属地谁负责、谁的岗位谁负责、谁的项目谁负责"的原则,通过人的质量安全行为、物的质量安全状态、管理缺陷和环境因素等 4 个方面辨识、评估岗位风险(见图 3.4)。

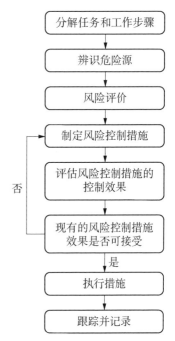

图 3.4　基于岗位风险的危险源识别步骤

3.1.3　信息化动态管理试飞场景危险源库

在识别危险源后,须建立危险源电子数据库。对每一个危险源进行赋值编码,将唯一编码与对象关联,该对象包括危险源名称、提示卡、过程清单、JSL 等。以存储单元为基础数据库,关联索引单元和控制单元的数据库、动态化地管理危险源风控过程及触发频次(见图 3.5~图 3.6)。

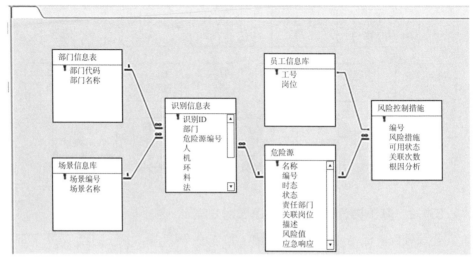

图 3.5 危险源数据库模型

图 3.6 危险源数据库界面

3.1.4 基于任务的岗位风险控制

本节将岗位风险与工作任务做关联,建立基于任务驱动的岗位风险评估。我们对每个岗位所要从事的工作任务进行筛选,对于每项工作任务,再对它进行工作步骤的具体的细分拆解,针对每项工作步骤使用 JSA 法进行危险源识别。

工作任务和工作步骤分解方法如下:①确定待评估的岗位、工作任务、设备

或场景,应优先选择不安全事件发生频率较高的岗位、工作任务、设备或场景;
②基于 JSA 法的岗位风险管理实施步骤开展评估工作,根据工作任务分解工作
步骤,分析评估每一个工作步骤所对应的危险源并进行编码,判定是否新增危险
源,若分解的工作步骤不具有操作性或触发新的工作任务,则循环评估直至分解
至体系中的最底层标准(见图 3.7)。

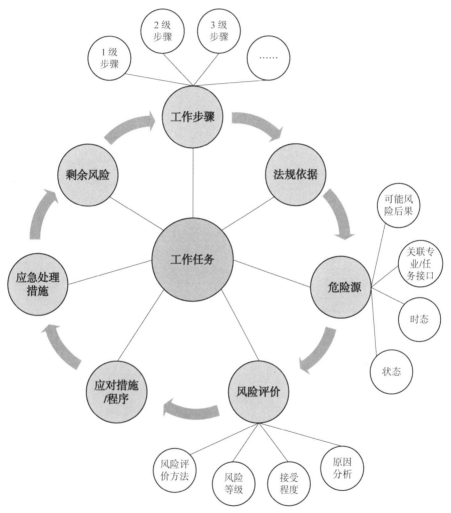

图 3.7 基于任务的岗位安全风险评估要素

3.1.5 岗位动态风险控制流程

岗位风险本身是静态的,但基于任务的岗位风险控制是动态的。评估过程

中，一个岗位可能涉及一个或多个工作任务，每个栏目只能填写一个工作任务。判断"是否新增工作任务"的标准如下：若在 JSA 过程中识别有新的"工作任务"，则在此栏选择"是"，且"是否新增危险源"栏目中均选择"是"；若选择"否"，则填写"危险源编号"。

　　若在 JSA 过程中得出的新的"工作任务"对应的危险源的风险控制措施均为新增控制措施，则循环重新识别；若在 JSA 过程或实际运行中发现现有风险控制措施不能满足风险控制要求，则需要修订或新增风险控制措施并将措施填在此栏。无论是新增的风险控制措施还是现有的风险控制措施，都须详细描述风险控制措施的实施方法，并在措施后标注对应的手册规程条款编号，以便过程追溯和数据检索。若评估产生剩余风险或衍生风险，循环执行直至没有新的风险产生，并且风险等级在可接受范围内（见图 3.8～图 3.9）。

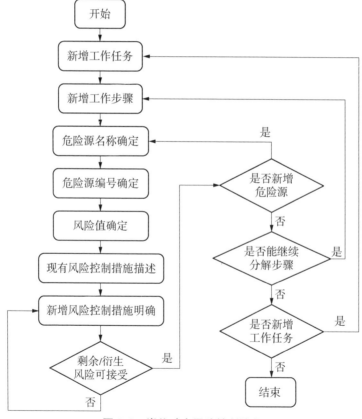

图 3.8　岗位动态风险控制流程

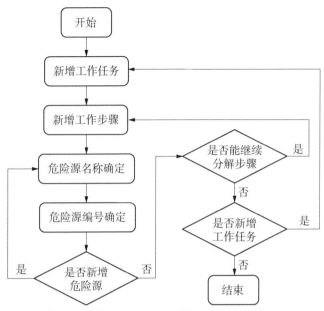

图 3.9　基于 JSA 法的岗位危险源识别、分解流程

3.1.6　岗位安全风险可视化

通过以上的评估、分析、分解步骤,基于 JSA 法和 JSL,输出安全提示卡。安全提示卡是一种安全风险管理工具。它基于岗位动态风险控制、一岗三卡等方法,对可能存在的危险源进行梳理和辨识,并将可能造成的后果、风险控制措施告知从业人员。通过安全提示卡可以进行日常管理和动态管理,促进隐患的检查、整改和控制。安全提示卡包括岗位风险提示卡,设备/场景风险提示卡和安全检查提示卡等形式(见图 3.10)。

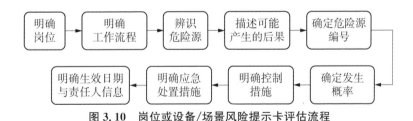

图 3.10　岗位或设备/场景风险提示卡评估流程

3.2　基于离散模型的危险源识别

基于离散模型的危险源识别过程使用 PDCA 质量管理方法,包括策划(P)、实施(D)、检验(C)和改进(A)四个步骤。

策划(plan)指建立基于科学方法的危险源识别模型。

实施(do)指科学、客观、准确、多维度地辨识试飞真正的危险所在,精准地输出各类限制措施和应急措施。

检验(check)指在保证安全的前提下提升试飞科目试验效率,通过动态的危险库管理使危险源管理工作形成长效机制。

改进(act)指通过检验和验证,进一步将危险源分析、识别方法和工具制度化、规范化。

3.2.1　模型构建

SHEL 模型是描述人为因素的概念模型,1972 年由爱德华提出,1987 年经霍金斯修改。它包括软件(software)、硬件(hardware)、环境(environment)、人(liveware)四个要素。在该模型中,人与人的关系与其他关系相比,有着特殊的地位。这种关系不确定性强,变化周期短、对航空安全的影响更直接,同时也易改善。人与设备的关系,虽然也是影响空中交通安全的重要因素,但是设备更新周期一般比较长,所以人与设备的关系相对固定,在充分了解及掌握设备使用后,这种关系基本固定不变。人与环境的关系也具有一定的持久性,它与管制单位中管理者的管理理念、管理方法、管理水平有着直接关系。管理者自身素质的提高需要一个相对漫长的过程,相应环境的改变也需要一个较长的过程。这就意味着在一定的时期内,人与环境的关系是相对稳定的。

多元离散模型较广泛地应用在市场研究和交通运输领域。在市场研究领域,经典的效用理论和联合分析等方法均体现离散模型的思想;交通领域中,通过离散模型分析个体对目的地、路径的选择行为来预测交通需求的方法被证明具备典型优势。作为常用的离散变量选择模型之一,多元离散模型通过构建非线性回归关系,建立因变量和一组自变量之间的相互联系,且非线性回归关系在时间、空间和总体上比线性回归更为稳定,近年来也被应用至公司信用风险评估中。但是,该模型尚未应用到民航安全管理的危险源识别领域。

将 SHEL 模型应用于对试飞场景进行分类,得到若干个因子,并分析所述因子,确定因子所属的可信区间,其中,H 为硬件,如设备、设施、工具、计算机;S 为软件,如运行规则、硬件驱动软件、指令、法令、程序、文件;E 为环境,如运作环境、工作场所、自然环境;L 为人,如人的绩效、能力、局限。

多元离散模型承接 SHEL 模型,用于对每一个因子进行赋值,并根据因子所属的可信区间进行主成分回归分析，进而对危险源进行辨识。SHEL 与多元离散模型关系见图 3.2。

1）试飞场景危险源识别多元离散模型

本章采用多元离散模型进行多变量分析，建立国产民机试飞场景组合因素影响下的多元离散危险源辨识模型。通过对试飞场景进行深入分析，确定如表 3.1 所示的各个变量，形成试飞场景危险源辨识多元离散模型，随机效用函数可以表示为

$$Z = \beta_0 + X_i \times \beta_j \times D_q + \varepsilon$$

式中，β_0 为待评估的自变量，是由试飞场景的区域、时态和状态组成的合集，$\beta_0 = A \times T \times S$，其中，$A$ 为试飞场景的区域，S 为试飞场景的状态；T 为试飞场景的时态；X_i 为与影响变量相对应的系数组成的中介变量；β_j 为影响变量相对应的系数组成的调节变量；D_q 为自变量、中介变量和调节变量所对应的变量水平；ε 为随机项，服从正态分布。

表 3.1　试飞场景危险源辨识多元离散模型变量解释

变量类型	变量含义	变量名	变量水平
因变量	危险源评价程度	Score	1＝极低，2＝低，3＝中，4＝高，5＝极高
自变量	试飞场景的区域	A	1＝空中，2＝异地机场，3＝机上，4＝库房，5＝交付机坪，6＝试验室，7＝飞行控制区，8＝监测与监控，9＝应急与指挥
	试飞场景的时态	T	1＝过去时，2＝现在时，3＝将来时
	试飞场景的状态	S	1＝正常状态，2＝异常状态，3＝紧急状态
中介变量	物理性危险因素	X_1	激光、粉尘、温度、湿度、噪声、振动、灯光照明
	化学性危险因素	X_2	爆炸、辐射、泄露
	生物性危险因素	X_3	细菌、病毒、传染病
	心理性危险因素	X_4	精神因素、情绪状态、注意力、警惕性
	生理性危险因素	X_5	身体因素、智力因素、生理限制、疲劳、个性
	行为性危险因素	X_6	违规、扰乱行为、不遵守安全规则的行为
	其他危险因素	X_7	经济勒索、恐怖袭击、政治原因、疫情原因、报复社会
调节变量（缺陷）	人的不安全行为	β_1	机组资源管理、技能错误、决策错误、知觉错误、错觉、受伤、疾病

（续表）

变量类型	变量含义	变量名	变量水平
	物的不安全状态	β_2	飞机系统故障、设备工具故障、设施/设备故障、IT 系统故障、网络威胁
	环境的不安全条件	β_3	工作环境、天气原因、意外原因、供应链环境
	管理缺陷	β_4	规章依据、过程控制、流程测量、人员资质管控、责任权限、资源管理、规程执行、组织管理、供应商管理
	无法预估外来影响	β_5	连续型

根据以上模型推导出的多元离散公式可以表示为

$$\text{Score} = \beta_0 + X_i \times \beta_j \times D_q + \varepsilon$$

离散矩阵可以表示为如下分段函数：

$$\text{Score} = \begin{cases} 1, & \text{如果 } Z < C_1 \\ 2, & \text{如果 } C_1 \leqslant Z < C_2 \\ 3, & \text{如果 } C_2 \leqslant Z < C_3 \\ 4, & \text{如果 } C_3 \leqslant Z < C_4 \\ 5, & \text{如果 } C_4 \leqslant Z \end{cases}$$

推导过程如下：

$$Z = \beta_0 + X_i \times \beta_j \times D_q + \varepsilon$$

$$P(\text{Score} \leqslant k) = P(Z \leqslant C_k)$$
$$= P(\beta_0 + X_i \times \beta_j \times D_q + \varepsilon)$$
$$= F_\varepsilon(\alpha_k - X_i \times \beta_j \times D_q)$$

式中，$k = 1, 2, \cdots, k$；$i = 1, 2, \cdots, i$；$j = 1, 2, \cdots, j$

$$P(\text{Score} \leqslant k) = F_\varepsilon(\alpha_k - X_i \times \beta_i \times D_i)$$
$$\text{Logit}[P(\text{Score} \leqslant k)] = \alpha_k - X_i \times \beta_i \times D_i$$

$$P(\text{Score} \leqslant k) = f_k(D_i)$$

$$= \begin{cases} \varPhi(\alpha_1 - X_i \times \beta_i \times D_i) & , \quad \text{如果 } k = 1 \\ \varPhi(\alpha_k - X_i \times \beta_i \times D_i) - \varPhi(\alpha_{k-1} - X_i \times \beta_i \times D_i), & \text{如果 } 1 < k < 5 \\ 1 - \varPhi(\alpha_4 - X_i \times \beta_i \times D_i) & , \quad \text{如果 } k = 5 \end{cases}$$

根据以上推导过程,基于国产民机试飞场景的危险源程度可以表示为

$$\text{Logit} L(\beta_0, X_i, \beta_j) = \sum_{i=1}^{i} \sum_{j=1}^{j} \sum_{k=1}^{k} I(\text{Score}_i = k) \times \text{Logit}[f_k(X_i \times \beta_j \times D_q)]$$

如表 3.2 所示,基于 SHEL 模型对试飞场景进行三级分类,确定人的因素、管理因素、环境因素、设施/设备因素和外来影响等 5 个一级定性因子、30 个二级定性因子和 170 多个三级定性因子。

表 3.2　试飞场景三级因子

一级因子	二级因子	三级因子
人为因素	机组资源管理(CRM)问题	机组搭配
		决策
		控制工作负荷
		短期策略
		交流与阐述
		质询与反应
		其他
	技能错误	基本技能错误
		特殊技能错误
		应急反应错误
		其他
	决策错误	程序错误
		选择不当
		问题处理错误
		其他
	身体/智力因素	身体特征
		感官限制
		智力限制
		其他
	违规	习惯性违规
		偶然性违规
		其他
	知觉与意识	错觉

（续表）

一级因子	二级因子	三级因子
		安全意识
		判断、理解错误
		其他
	生理限制	损伤/丧失能力
		意识/方向感
		疲劳
		其他
	精神因素	个性/态度
		注意力/警惕性
		心理/情绪状态
		其他
管理因素	规章依据	没有具体规定
		不具备可操作性
		与法规、政策不符
		与其他文件不符
		难以理解或者尚未完成
		查阅质量差
		文件在各种载体中不一致
	过程控制	没有说明需要控制
		控制要求没有说明 5W 企业管理原则
		过程控制不完整
		可以被规避控制
		控制不是强制的
		资源不足
		其他
	流量测量	对流量测量的要求没有明确
		未识别缺陷/隐患
		没有实施纠正预防措施
		没有跟踪纠正预防措施的有效性

（续表）

一级因子	二级因子	三级因子
		资源不足
		没有说明需要流量测量
		未达到预期目标
		其他
	人员资质	大纲/岗位标准、培训
		执照、证书与签注
		超过资质限制
		其他
	责任权限	责任指定不恰当
		权利指定不恰当
		不了解程序、政策、指令或信息
		不了解控制
		不了解流程
		不了解接口
		控制范围不明确
		职位空缺
		其他
	资源管理	人力资源
		财力投入
		设备/工具资源
		知识
		其他
	规程执行	人员
		工具和设备
		技术资料
		政策、程序、指令和信息
		材料
		设施
		控制

（续表）

一级因子	二级因子	三级因子
		流量测量
		结果与预期目标不符
	组织管理	组织结构
		安全政策
		安全文化
		计划协调
		组织沟通
		其他
环境因素	工作环境	温度/湿度
		噪声/振动
		洁净度/粉尘
		辐射
		激光
		灯光照明
		空气流动
		其他
	天气原因	风
		云
		雾
		霾
		雨
		雪
		霜
		雷电
		其他
	意外原因	鸟击
		外来物
		其他
设施/设备因素	IT 系统	

（续表）

一级因子	二级因子	三级因子
		发动机
		货舱部件/设施
		自动飞行
		液压
		燃油
		通信
		起落架
	飞机系统	轮胎
		空调/增压
		客舱
		结构
		航电
		飞行控制
		电源
		其他
	设备/工具	
		试飞保障人员安检
		试飞工作人员安检
	一关三检	飞机护卫
		海关
		边检
		其他
外来影响因素		净空保护
		道面损坏
		消防保障
	机场	地服保障
		应急救援能力
		能源电力系统
		航空器活动区有外来物或障碍物

一级因子	二级因子	三级因子
		设施/设备故障
		道面污染
		不停航施工
	空管	军方空域管制
		区域管制
		进近管制
		机场管制
		飞行情报
		告警服务
	旅客	疾病
		受伤
		不遵守安全规则的行为
		扰乱行为
		其他
	供应商	航空油料供应
		维修代理
		食品供货商
		货运销售代理
		航务代理
		地面代理
		IT 代理
		其他
	外来破坏	恐怖袭击
		经济勒索
		政治目的
		报复社会
		其他

（续表）

	航空器
其他单位	车辆
	设备/工具资源
	人员
	其他
其他	

针对每一个最小单元，从五个方面（人、机、料、法、环）分析可能发生的影响安全的功能性偏离情况，过程中充分考虑 3 种时态（过去时、现在时、将来时）、3 种状态（正常状态、异常状态、紧急状态）、7 个方面的因素（物理性危险因素、化学性危险因素、生物性危险因素、心理危险性因素、生理危险性因素、行为性危险因素和其他危险因素）和 5 个方面的缺陷（人的不安全行为、物的不安全状态、环境的不安全条件、管理缺陷和外来影响）。最终，确定了 16 个变量，分别为 1 个因变量、3 个自变量、7 个中介变量和 5 个调节变量（实际应用过程中可以通过不断的优化迭代进行变量变更和升级），通过分析分别对数据的大小和离散程度做出一定的描述，从而确定因子所属的可信区间。

接下来，将对结果进行主成分回归分析，对每一个个体因子进行数值量化进行赋值。使用多元离散模型对危险源的程度进行判断，并使用历史数据对离散模型进行验证。

2）模型验证

分别使用试飞管理数据和试飞运行数据对模型有效性进行验证，结果如表 3.3 所示。使用两种数据验证时，显著性均小于 0.005，拒绝模型无效假设，说明该离散模型整体可靠。表 3.4 的回归模型拟合结果显示，提出的离散模型在试飞管理数据和试飞运行数据的应用中均具备显著的回归结果，结果如表 3.5 所示。

表 3.3 模拟有效性

模型	试飞管理数据				试飞运行数据			
	−2 对数似然	卡方	自由度	显著性	−2 对数似然	卡方	自由度	显著性
仅截距	281.031	—	—	—	1019.351	—	—	—
最终	0.000	281.031	186	0.000	283.244	736.107	279	0.000

表 3.4　回归模型拟合优度

	试飞管理数据			试飞运行数据		
	卡方	自由度	显著性	卡方	自由度	显著性
皮尔逊	0.138	356	1.000	505.581	319	1.000
偏差	0.276	356	1.000	140.927	319	1.000

表 3.5　部分回归参数拟合结果

危险因素	系数	标准差	瓦尔德	显著性	95%置信区间	
					下限	上限
风险等级=1	−40.079	344.730	0.014	0.097	−715.737	635.579
风险等级=2	−19.116	344.544	0.003	0.956	−694.410	656.179
时态=过去	−0.280	10.678	0.001	0.979	−21.209	20.650
时态=过去/将来	−1.292	108.381	0.000	0.990	−213.715	211.132
时态=过去/现在	2.484	31.913	0.006	0.938	−60.064	65.031
时态=过去/现在/将来	0.236	10.221	0.001	0.982	−19.797	20.269
时态=现在	3.554	129.854	0.001	0.978	−250.955	258.064
管理缺陷=教育培训	1.840	77.421	0.001	0.971	−149.903	153.583
管理缺陷=文件记录	2.210	275.114	0.000	0.994	−537.004	541.424
行为性=飞行运行	10.187	4.646	4.808	0.928	1.081	19.294
人的不安全行为=模拟机训练	−0.432	4.380	0.010	0.921	−9.016	8.153

3.2.2　模型实施

1）实施方案

在实际的试飞应用过程中,使用基于纵横立体维度的离散模型识别试飞过程中的危险源,其中横向维度基于试飞场景、纵向维度基于岗位交叠,系统性地对试飞任务的全过程进行危险源识别。

2）实施过程

在横向维度,基于区域、时态、状态和类别的组合,对试飞过程中的特殊场景进行危险源识别,输出基于试飞场景的风险识别清单。在纵向维度,采用 JSA 法识别岗位安全风险,事先或定期对某项工作进行质量安全分析,识别危害因素,评价风险,并根据评价结果制订和实施相应的控制措施,达到最大限度消除或控制风险的目的,动态管理岗位风险识别清单。评估人员应由技术专家、风险管理专家和体系建设专家组成。按照"谁的属地谁负责、谁的岗位谁负责、谁的项目谁负责"的原则,通过 7 种危害因素(物理性、化学性、生物性、生理性、心理性、行为性和其他不可预估的危害)和 5 种缺陷(人的不质量安全行为、物的不质量安全状态、管理缺陷、环境的不安全条件和无法预估的外来影响)识别并评估场景和岗位危险源。

3)实施要点

实施过程中要把每一个任务具体识别到最小颗粒度(工作步骤),以此来筛选需要危险因素和关键危险点。

当评估的一个岗位可能涉及一个或多个工作任务时,应逐项对每一个工作任务进行评估和识别与之相关联的危险源,若在评估过程中识别到新的"工作任务",则循环评估、识别直至工作步骤结束节点。

当完成场景风险和岗位风险危险源识别后,需对每一条危险源制订切实有效、可执行的风险控制措施,无论是新增的风险控制措施还是现有的风险控制措施都需详细描述,并在措施后标注对应的程序条款编号,以便过程追溯和数据检索。若评估产生剩余风险或衍生风险,循环执行直至没有产生行的风险并且风险等级在可接受范围内。

通过以上的评估、分析、分解步骤,对可能存在的危险源进行梳理和识别,并将可能造成的后果、风险控制措施通过有效形式告知试飞从业人员,实施安全风险日常管理和动态管理,促隐患的检查、整改和控制(见图 3.11)。

3.2.3　基于试飞场景的危险源识别过程

在系统和工作分析的基础上,将系统分为若干场景,在此基础之上以任务为驱动与岗位形成矩阵集,再通过 JSA 法将工作分解为若干任务/流程/工作单元,通过分析每一项最小活动单元应满足的需求,利用反推法确定不满足这些要求时的行为或状态,分析可能存在的危险源。基于场景的危险源识别过程如图 3.3 所示。

以大侧风试飞科目为例,在完成试飞科目风险评估后,按照图 3.3 危险源识别过程,结合试飞场景的危险源识别方法,对飞机在某机场实施大侧风科目进行风险管理。在风险管理工作开始前,应做好系统和工作分析。系统和工作分析是一个持续完善的过程,是危险源辨识的基础和前提。

首先,对大侧风实施过程的时间轴进行分析与识别,共识别出试飞前、开飞

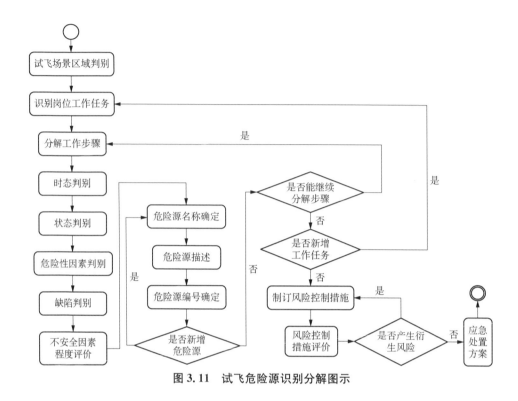

图 3.11　试飞危险源识别分解图示

前、检飞后、接机前、作业前和作业后共 6 个时态。

其次,从操作/管理过程识别试飞科目场景,定义了门禁状态、地面试验、飞行指挥、机组协同、重心调配系统、飞机构型变更、沙尘天气、控制区车辆和人员通行、控制区作业、进气道更换等 10 个试飞科目风险场景。

最后,应用 SHEL 模型识别危险源,识别内容应包括试飞科目实施过程中与航空运输系统中其他系统(如机场、空管等)间的相互作用、SMS 体系内各领域的系统功能、人的因素、软/硬件因素、人机交互因素、内外部环境因素等,如化学品进入发动机后的燃爆风险、参试人员不熟悉试验脚本及抓风策略、空地配合不顺畅、沙尘天气对飞机造成损伤、甚高频馈线被机场过往车辆碾压或拖拽导致损坏、吊装时误触飞机或压伤工作人员等危险源。

此案例使用离散模型开展风险评价,此处不做详细阐述。

综上所述,基于大侧风试飞科目场景的风险管理过程如表 3.6 所示。

表 3.6　基于大侧风试飞科目场景的风险管理过程

序号	操作/管理过程	危险源描述	风险控制措施	类别	时态
1	门禁状态	失去控制	具备预测型和反应型风切变功能	机	试飞前
			试验前完成模拟机训练		
			熟练掌握飞机姿态的修正技巧		
		单发喘振、超限、熄火	试验过程中持续关注关键参数	机	试飞前
			试验过程中保持辅助动力装置（APU）发电机打开		
2	地面试验	地面试验影响机场运行	在试验前做好对机场的影响评估	环	试验前
		化学品进入发动机后的燃爆风险	试验前发动机完成试验物料使用评估	料	试飞前
			试验场地应准备足量的灭火设备		
			保障试验场地周围无明火		
3	飞行指挥	小重量起飞，油量不足以备降	就近选择备降机场	机	开飞前
			根据备降场距离预留备用油量		
		参试人员不熟悉试验脚本	制订试验脚本及抓风策略	人	开飞前
		飞行中突发沙尘天气	制订防沙尘低能见预案，提前预警	环	开飞前
4	机组协同	机组不熟悉试验步骤	做好任务协同	人	试飞前
		空地配合不顺畅	做好指挥协同	人	试飞前
			确定起飞、空中等待等方案		
5	重心调配系统	低温环境导致液位传感器故障	做好重心调配系统低温防护工作，制订防护方案	环	试飞前
		低温保障人员疲劳作业	做好低温保障人员排班，确保充足的休息时间	环	试飞前
		空中出现漏水	完成地面试验及检飞，确保无渗水漏水情况	机	检飞后
			制订空中出现漏水的应急处置预案		

（续表）

序号	操作/管理过程	危险源描述	风险控制措施	类别	时态
		操作人员不熟悉更改后的操作系统	对上机人员开展操作系统补差培训	人	检飞后
6	飞机构型变更	新增影响操稳、动力的软硬件变更,影响机组操作	针对飞机的构型变更及故障保留情况开展专项交底	料	检飞后
			完成必要的检飞工作		
			完成工模或铁鸟的熟悉性训练		
7	沙尘天气	对人员造成伤害	在应急预案中明确人员防沙尘安全要求	环	接机前
			试验开展期间,气象专业持续关注气象变化趋势		
		对飞机造成损伤	在应急预案中明确飞机防护的要求	环	接机前
			根据要求给航空器增重和系留		
			配备充足的沙袋、系留绳子、堵头、罩布、套管等飞机防护工装		
8	控制区车辆、人员通行	未按机场规定的通行路线通行	与机场明确人员通行路线	人	接机前
			需按照机场要求的路线和速度行驶		
			明确申请机场车辆引领的途径		
		未经许可超出工作区域	明确人员活动区域及范围	人	接机前
			明确其他区域的申请途径		
9	控制区作业	未正确穿戴劳防用品	登高作业途中操作人员需全程佩戴安全带等劳防用品	人	作业前
			控制区全程穿戴反光背心		
		未清除或遗留多余物	要求做好工具和随身物品清点	料	接机前
			在试验前,主动清除影响试验开展的多余物		
		工装设备未固定	在工作后将工装设备进行系留或固定保护	料	作业后
			对工装设备的系留或固定保护进行二次确认		

（续表）

序号	操作/管理过程	危险源描述	风险控制措施	类别	时态
10	进气道更换	大风导致吊装时进气道晃动	实时了解气象动态	环	作业前
		吊装时误触飞机或压伤工作人员	设置专职安全员及指挥员警戒指挥吊装过程	机	作业前
			做好飞机防护、工作人员穿戴好劳防用品		

3.2.4　信息化动态管理危险源数据仓库

危险源数据仓库包含 5 个实体及其各自的属性，以及各个实体间的相互关系，运用 ACCESS 数据库创建 6 张表，包括：员工信息表、部门信息表、场景信息表、危险源识别信息表、控制措施信息表、培训课程清单等。数据库关联（ER）图如图 3.12 所示。

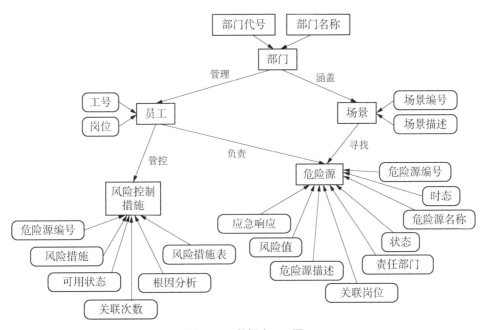

图 3.12　数据库 ER 图

3.2.5　案例分析

以 2021 年 1—6 月间的隐患数据案例,使用基于离散模型方法对危险源状态进行分析。对 169 条隐患整改数据进行三级因子分析,分别从园区安全、应急管理、消防管理、危化品与库房管理、试飞安全、设施/设备安全、基本建设工程安全和 6S 管理等 8 大隐患类型中共计识别出 559 条问题项,将其按管理因素、人为因素、设施/设备因素、环境因素、外来影响因素 5 个方面进行分类,数据分析结果如下。

1) 总体情况

从表 3.7 中可以看出,2021 年 1—6 月在 8 大隐患类型中检查发现的隐患问题,由管理因素所导致的占比最高,排名第二为人为因素,排名第三为设施/设备因素。进一步分析发现,管理因素、人为因素和设施/设备因素三个方面的原因对隐患问题的影响主要体现在园区安全、设施/设备安全、消防管理、危化品与库房管理四个方面,形成强关联,也符合风险矩阵高、中、低风险对称分布特点。

表 3.7　一级因子在隐患类型中的分布情况　　　　　　　　　单位:条

隐患类型	管理因素	人为因素	设施/设备因素	环境因素	外来影响因素	总计
园区安全	145	39	28	2	1	215
设施/设备安全	85	24	10	4	1	124
消防管理	58	14	11	1		84
危化品与库房管理	36	11	2	1		50
应急管理	28	4	8	1		41
基本建设工程安全	14	6	4	1		25
6S 管理	7	5		1		13
试飞安全	3	3	1			7
总计	376	106	64	11	2	559

2) 人为因素分析

进一步对人为因素做二级因子剖析,定义二级因子字段分别为技能错误、违规、知觉与意识。从图 3.13 可以看出在园区安全、设施/设备安全、危化品与库房管理、消防管理四个业务过程中由于技能错误和知觉与意识因子导致隐患问题发生的次数最高。从图 3.14 可以看出在检查地点 B 和检查地点 H 发现的隐患问题最多的是由技能错误和知觉与意识导致的。

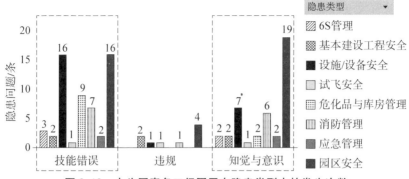

图 3.13　人为因素各二级因子在隐患类型中的发生次数

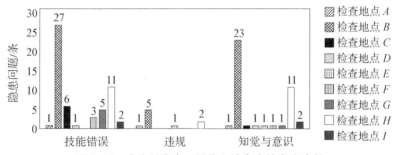

图 3.14　人为因素在不同作业地点中的发生次数

3) 按安全意识分析

对人为因素中知觉与意识做进一步分类,定义三级因子字段为安全意识,对安全意识导致的隐患做进一步分析如图 3.17 和图 3.18 所示。从图 3.15 可以看出园区安全、设施/设备安全和消防管理三类隐患类型中发现的隐患问题与安全意识呈现正相关。从图 3.16 可以看出,在检查地点 B 和检查地点 H 作业的员工安全意识相对薄弱。

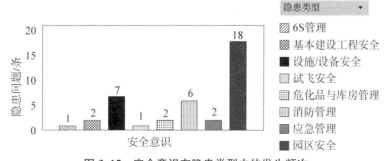

图 3.15　安全意识在隐患类型中的发生频次

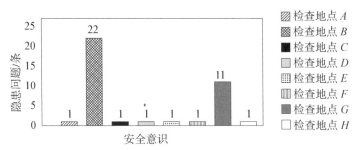

图 3.16 安全意识在不同作业地点中的发生频次

4) 按违规行为分析

违规行为是指违反相关规定、章程、政府法令、国家法律法规、管理规定、制度和程序的异常工作状态。对人为因素中违规做进一步分类,定义三级因子字段为脱岗、吸烟、用电不安全和未佩戴劳防用品四个类别,从图 3.17 可以看出在园区安全和基本建设工程安全两大隐患类型中因脱岗和用电不安全导致的隐患问题较高,这四类三级因子在基本建设工程安全、设施/设备安全、消防管理、试飞安全、园区安全等五大隐患类型中平均分布。从图 3.18 可以看出,各违规行为在检查地点 A、检查地点 B、检查地点 C、检查地点 D 的发生得较为平均。

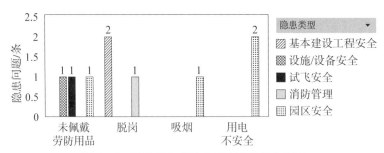

图 3.17 违规行为在隐患类型中的发生频次

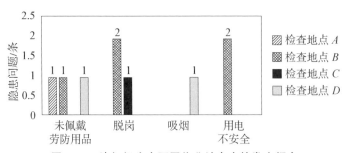

图 3.18 违规行为在不同作业地点中的发生频次

5）按技能水平分析

员工的技能水平高低也将影响隐患问题发生的程度和频次，因此对人为因素中的技能错误做进一步分类，定义三级因子字段为基本技能错误、特殊技能错误和应急反应错误三大类。基本技能和特殊技能以是否取证上岗作业为界限划分，如 6S 管理为员工的基本技能，用电作业为员工的特殊技能，因为用电作业须持证上岗。从图 3.19 可以看出，在设施/设备安全、园区安全和危化品与库房管理三大类业务中员工易出现基本技能错误。从图 3.20 可以看出检查地点 B 的员工的基本技能、特殊技能、应急反应表现相较其他地点均较弱。

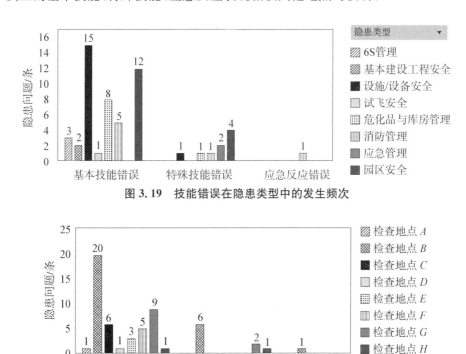

图 3.19　技能错误在隐患类型中的发生频次

图 3.20　技能错误在不同作业地点中的发生频次

6）重复问题发生频次

从图 3.20 和表 3.8 可以看出，在检查地点 A、检查地点 B、检查地点 C 和检查地点 D 重复发生问题频次较高，主要体现在纠正预防措施制订的有效性以及对整改措施的有效性验证。从表 3.8 和表 3.9 可以看出，重复问题发生频次较高的地点为检查地点 B，重复发生频次较高的隐患类型为设施设备安全和园区安全，如多次检查中发现作业场所堆放杂物、线路摆放凌乱和灭火器无定检等隐患问题。

表 3.8　重复发生问题按地点分布情况　　　　　单位:条

隐患地点	责任部门	纠正预防措施有效性跟踪	纠正预防措施实施	总计
检查地点 B	小计	5	5	10
	业务部门 A		1	1
	业务部门 C	3	3	6
	业务部门 D	1	1	2
	业务部门 F	1		1
检查地点 A	小计	2	2	4
	业务部门 A		2	2
	业务部门 B	2		2
检查地点 C	小计	1	3	4
	业务部门 A		1	1
	业务部门 E	1	2	3
检查地点 D	小计	1	2	3
	业务部门 D	1		1
	业务部门 B		2	2
总计		9	12	21

表 3.9　重复发生问题按业务过程分布情况　　　　　单位:条

隐患类型	责任部门	纠正预防措施有效性跟踪	纠正预防措施实施	总计
基本建设工程安全	小计	1		1
	业务部门 A	1		1
设施/设备安全	小计		7	7
	业务部门 B		3	3
	业务部门 C		2	2
	业务部门 D		1	1
	业务部门 A		1	1
试飞安全	小计	1		1

（续表）

隐患类型	责任部门	纠正预防措施有效性跟踪	纠正预防措施实施	总计
危化品与库房管理	业务部门 E	1		1
	小计	1		1
	业务部门 C	1		1
消防管理	小计	2		2
	业务部门 A	1		1
	业务部门 F	1		1
应急管理	小计	1		1
	业务部门 F	1		1
园区安全	小计	1	5	6
	业务部门 B		1	1
	业务部门 D	1	2	3
	业务部门 F		2	2
总计		7	12	19

7）趋势分析

综上所述，集合所有强相关影响因素，对人为因素影响隐患类型、作业地点和责任部门的相关性进行隐藏数据关联性分析，如图 3.21 和图 3.22 所示，得到如下结论：业务部门 D、业务部门 C 和业务部门 B 因人为因素导致的隐患问题呈现线性正增长。相关性分析如表 3.10 所示。

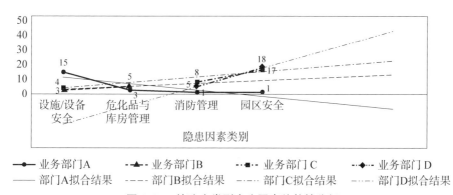

图 3.21　按隐患类型人为因素趋势性分析

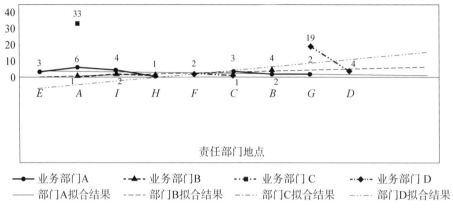

图 3.22　按责任部门人为因素趋势性分析

8）检验验证

使用 SPSS 软件进行拟合度验证，从表 3.10 验证结果来看，拟合度较好，说明使用该模型识别的试飞场景危险源，可以在实际隐患排查工作中得到可靠的安全状态趋势分析结果。

表 3.10　拟合优度检验

	线性公式	R^2	截距	趋势预测	拟合度
业务部门 A	$y = 13x - 34$	1	0	上升	优
业务部门 B	$y = 4x - 1$	0.842 1	0	上升	较优
业务部门 C	$y = 2x + 1$	1	0	上升	优
业务部门 D	$y = -4.4x + 16$	0.711 8	0	下降	良

第 4 章　应用效果

4.1　教育培训机制完善

1) 完善试飞岗位安全责任

基于危险源识别模型和隐患分析结论,制订民机试飞安全落实安全生产责任制实施方案,将风险管理与安全责任教育培训进行联动,以此来提升全员安全意识。具体实施时应注意明确领导责任、监管责任、直接管理责任、直接责任,并从职能、型号两大维度与民机试飞安全全员签订安全责任书,确保岗位安全生产责任横向到边、纵向到底,实现民机试飞安全生产责任制全员、全过程覆盖(见图4.1)。

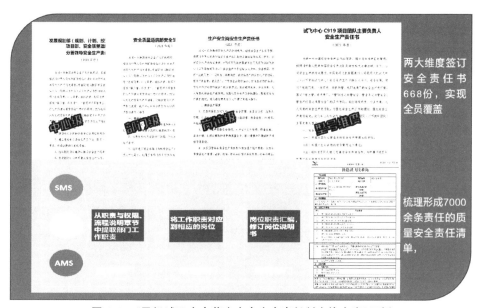

图 4.1　《民机试飞安全落实安全生产责任制实施方案》示例

2) 完善安全教育培训管理规定

完善民机试飞安全教育培训管理规定,明确员工三级安全教育相关内容及频次,确保员工安全教育全覆盖。

3) 个性化定制安全培训课程清单

根据场景/岗位的风险识别,动态输出安全培训课程共计 102 门课程,按计划对现场员工持续开展滚动式安全教育培训,并计划将其纳入人员档案,实现全生命周期跟踪。

4.2　教育培训改进手段

1) 试飞安全危险源动态管控

针对国产民机试飞业务特点,围绕试飞场景和关键岗位开展风险识别,识别出测试改装设备、机上实验、气象监测设备、气体灭火间等试飞场景中的危险源,并通过唯一识别编码对危险源进行动态管理,实现试飞安全风险可持续化的长效管理机制。

2) "一岗三卡"模式管控

输出一岗三卡:岗位/工作操作风险提示卡、设备/场景质量安全风险提示卡和岗位动态风险控制表(见图 4.2)。

基于 JSA 法的岗位风险识别方法,依托试飞业务场景,目前已识别出 90 余个场景共计 178 条危险源,并对危险源进行唯一识别编码进行管理,结合 JSA 法针对 60 余个关键场岗位开展"三个关键"和"一岗三卡"岗位风险评估工作,实现岗位安全风险可视化,形成试飞业务场景安全风险防范读本,为试飞领域在关键任务、关键场景、关键岗位中的预先风险防范提供参考依据。

4.3　教育培训实施方法

1) 安全风险可视化

将概念性的危险源知识通过定性、定量的方法嵌入日常工作程序和岗位职责中,如在民机试飞安全,基地 A、基地 B、基地 C 设置场景风险提示展板,印刷完成《民机试飞安全场景风险防范读本》并发放,提升程序制度的可操作性和提供员工的安全意识(见图 4.3)。

2) 安全警示长廊

筹划设立安全质量教育警示长廊,从"人、机、料、法、环"多维度对案例进行展示宣讲并定期更新(见图 4.4)。同时组织领导干部、业务骨干每季度参观,通

建立《岗位/工作操作风险提示卡》

岗位/工作	岗位名称：填写岗位名称			
	工作流程：填写该岗位的某个工作流程			
	编号：JB-部门编号-工作流程编号-提示卡流水号			
操作风险提示卡	编制部门：岗位所属部门			
危险源描述	可能产生的后果	发生概率	控制措施	
此处填写危险源名称	此处填写此危险源可能造成的后果	周/月发生的可能次数	对应的手册规程的条款编号： 主要措施 1 主要措施 2 主要措施 3 如无手册规程的，应先制定措施后固化到手册规程中	
应急处置	此处应针对"可能后果"制定应急处置措施，并填写应急联系电话			
关联卡片	此处填写与本提示卡相关联的风险提示卡编号	生效日期		责任人

建立《设备/环境安全风险提示卡》

设备/环境	设备/环境名称：填写设备名称/环境名称			
	工作流程：填写该设备/环境的具体位置			
	编号：EQ/EN-部门编号-工作流程编号-提示卡流水号			
安全风险提示卡	编制部门：设备/环境所属部门			
危险源描述	可能产生的后果	发生概率	控制措施	
此处填写危险源名称	此处填写此危险源可能造成的后果	周/月发生的可能次数	对应的手册规程的条款编号： 主要措施 1 主要措施 2 主要措施 3 如无手册规程的，应先制定措施后固化到手册规程中	
应急处置	此处应针对"可能后果"制定应急处置措施，并填写应急联系电话			
关联卡片	此处填写与本提示卡相关联的风险提示卡编号	生效日期		责任人

图 4.2 风险提示卡样例

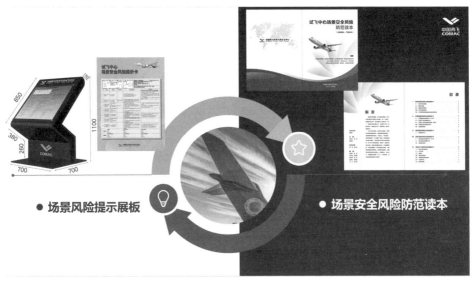

图 4.3　安全风险提示卡应用产物

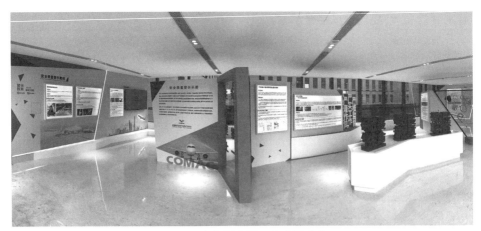

图 4.4　安全风险提示卡应用产物

过警示教育强化试飞安全作风建设,提升全员安全质量意识。

　　3)"三个敬畏"系列读本

　　编制"三个敬畏"系列读本,从案例宣讲、文件规章、安全职责等三方面对员工开展宣教工作,切实提升民机试飞安全、员工安全质量文化意识及作风建设(见图 4.5)。

图 4.5　"三个敬畏"系列读本

4）分层分级管理教育培训模式

通过分层(三级安全教育)、分级(风险等级)管理实施安全教育培训管理模式,多维度控制安全教育培训效果,让安全教育培训过程不再流于形式,通过扎扎实实的可定量法则,有针对性地开展个性化、精准化培训,逐步提升民机试飞安全教育培训质量(见表 4.1)。

表 4.1　分层管理分级表

风险等级	风险矩阵评定结果	控 制 原 则
5	高风险不可接受	当前情况应立即停止运行,并采取紧急措施/应急预案缓解风险,在风险降低到可接受程度前不允许运行;需制订高风险后果指标和实施控制。以上需安全审查委员会批准
		将该风险告知利益攸关方(供应商、代理人、上级单位)、管理人员和员工,并发出告警
		立即对此类事件/人员进行谈话教育和相关工作流程/制度培训
4		当前情况应被限制,需采取紧急措施/应急预案,风险评估和控制措施完成后取消限制;需制订高风险后果指标和实施控制。以上需安全审查委员会批准
		当监测的安全绩效指标连续 2 个月及以上触发橙色预警,应采取紧急措施/应急预案缓解风险,风险评估和控制措施完成后经民机试飞安全专家库成员评估,安全部门审核,并经安全审查委员会批准后取消限制。若连续 2 个月及以上触发橙色预警,且制订风险控制措施后,风险仍未缓解,应召开专项风险管理会重新评估/制订风险控制措施

（续表）

风险等级	风险矩阵评定结果		控 制 原 则
			将该风险告知利益攸关方(供应商、代理人、上级单位)、管理人员和员工,并发出告警
3	缓解后可接受	中等风险(应考虑成本收益)	当前情况需制订风险控制措施(与规程关联)并有效实施;持续监控措施落实情况;按需制订低风险后果指标,开展培训和信息交流
			当监测的安全绩效指标1个月及以上触发橙色预警,或连续2个月及以上触发黄色预警,或由橙色预警降到黄色预警时,制订风险控制措施(与规程关联)并实施,持续监控措施落实情况,开展培训和信息交流。以上需经民机试飞安全专家库成员评估,经安全管理部门批准,并在安全审查委员会上通报。若连续2个月及以上触发黄色及以上预警,且制订风险控制措施后,风险仍未缓解,应召开专项风险管理会重新评估/制订风险控制措施
			将该风险告知利益攸关方(供应商、代理人、上级单位)、管理人员和员工,并发出提示
2		低风险	当前情况需要制订风险控制措施(与规程关联)并有效实施;需定期进行监控
			当监测的安全绩效指标1个月触发黄色预警,或连续2个月及以上触发蓝色预警,或由黄色预警降到蓝色预时,需要制订风险控制措施(与规程关联)并实施,定期进行监控。以上需报安全管理部门备案,并在安全审查委员会上通报
			将该风险告知管理人员和员工,并发出提示
1	可忽略风险可以接受		没必要采取进一步措施,正常运行,保存记录。可将该风险告知管理人员和员工,并建议关注

4.4　实践成效

提高试飞安全效益与效率的方法包括以下几方面:

(1)通过科学的方法和应用先进的工具软件对危险源进行识别,提高危险源识别能力。

(2)通过该危险源识别方法,可以动态管理危险源,逐步全面地识别风险,提升试飞安全风险管控能力。

(3)通过对危险源识别方法制订规范评审并立项,规范名称为《试飞现场不安全因素识别与方法》,为民机试飞安全知识产权做出贡献。

（4）危险源识别方法通过专利战略布局会，为防御性战略布局做出贡献。

（5）安全提示的布展和风险防范读本的发放，可以指导现在作业人员安全操作。自该方法应用以来，民机试飞安全不安全事件发生数量环比大幅度减少，员工安全意识显著提升。

附录 A 试飞组织类安全风险识别样例

A.1 试飞组织场景安全风险识别样例

试飞组织场景安全风险识别样例如表 A.1 所示。

表 A.1 试飞组织场景安全风险识别样例

序号	一级场景	二级场景	三级场景	危险源描述	关联任务过程接口
1	试飞工作区	机坪	绕机检查	试飞员/试飞工程师在机坪绕机检查过程中剐蹭飞机	试飞运行
2	试飞工作区	飞行控制区	飞行实施	试飞员/试飞工程师试飞时飞出空域,有可能出现飞行事故或事故征候	试飞运行
3	试飞工作区	飞行控制区	飞行实施	飞行时机上测试设备或电缆漏电起火	试飞运行
4	飞机	机上	飞行实施	试飞员/试飞工程师/测试工程师模拟电负载使用时出现问题,发生烫伤事故	试飞运行
5	飞机	机上	飞行实施	试飞员/试飞工程师/测试工程师飞行中使用全球定位系统(GPS)、笔记本电脑等包含锂电池设备时锂电池着火	试飞运行
6	试飞工作区	机坪	座舱实习	机务/测试工程师/试飞工程师/试飞员/设计人员等人员在座舱实习中时出现人员管理混乱情况,例如座舱实习需要开关舱门,客舱内人员较多时,存在误碰测试开关或舱门的风险	试飞运行
7	试飞工作区	机坪	座舱实习	机务在白天强光照射环境下的停机坪工作时,由于舱门预位指示灯不明显,可能从外部开舱门,误触发应急滑梯抛放,导致人员受伤	机坪运行

（续表）

序号	一级场景	二级场景	三级场景	危险源描述	关联任务过程接口
8	飞机	机上	模拟机训练	模拟机训练过程中人员超限,影响运行安全	相关专业人员作业
9	飞机	机上	模拟机训练	试飞员/试飞工程师/模拟机操作员/设计人员等人员参加模拟机训练时将水杯带入模拟机	相关专业人员作业
10	飞机	机上	模拟机训练	模拟机训练时发生火灾	试飞运行
11	试飞工作区	机坪	试飞员管理	试飞员外场执行特殊环境下的试飞科目时发生急性症状	试飞运行
12	飞机	驾驶舱	试飞员管理	不同性质试飞任务中,对机组资源管理缺乏场景意识,出现重大人为差错影响飞行安全	试飞运行
13	飞机	驾驶舱	试飞员管理	试飞过程中驾驶舱中存在的危险隐患行为,例如驾驶舱吸烟、在驾驶舱中进行无关飞行的其他行为等	相关专业人员作业
14	试飞工作区	飞行控制区	人员在控制区内活动	人员在控制区内活动,出现干扰航空器运行的情况	试飞运行
15	试飞工作区	飞行控制区	飞行中突发气象变差	因天气原因无法正常着陆目的地机场	试飞运行
16	功能性区域	行政办公区	办公区	办公区域内电源插座插入太多设备或插座上又接插座,导致火灾及漏电现象	相关使用人员
17	功能性区域	行政办公区	办公区	办公区域内可燃物和插座混放,导致火灾	相关使用人员
18	功能性区域	行政办公区	办公区	办公室人员长期伏案工作导致用眼过度或颈椎、腰椎疾病	相关使用人员
19	试飞工作区	飞机绕机区域	作业现场	现场试验试飞人员登机时,因登机梯与飞机对接处有较大间隙导致受伤	相关专业人员作业
20	飞机	客舱	作业现场	试验人员或随机人员登机后随机物品未固定好导致人员受伤	相关专业人员作业
21	飞机	驾驶舱	作业现场	驾驶舱内笔及任务单未固定好导致人员受伤,影响飞行任务及飞行安全	相关专业人员作业
22	飞机	客舱	作业现场	测试机柜和线路布局不合理或未固定导致人员受伤	相关专业人员作业

序号	一级场景	二级场景	三级场景	危险源描述	关联任务过程接口
23	飞机	客舱		飞机舱门未封闭好导致人员受伤	相关专业人员作业
24	飞机	客舱		飞机座椅安全带破损导致人员受伤	相关专业人员作业
25	飞机	客舱		飞机地板有水未及时清理导致人员滑倒受伤	相关专业人员作业
26	飞机	驾驶舱		试飞员休息不佳，疲劳驾驶导致人员受伤	相关专业人员作业
27	飞机	驾驶舱		试飞员精神压力大未及时缓解导致人员受伤	相关专业人员作业
28	飞机	驾驶舱		机组人员机上吸烟导致火灾	相关专业人员作业
29	飞机	驾驶舱		驾驶舱内食品掉落未及时清理导致食物变质影响机组身体健康	相关使用人员
30	飞机	驾驶舱		试飞员身体不适驾驶导致飞行事故和人员受伤	相关使用人员
31	飞机	驾驶舱		试飞员、试飞工程师未穿戴防护装备导致人身伤害	相关专业人员作业
32	试飞工作区	飞行控制区		飞机偏航导致事故发生	飞行指挥、空域协调等
33	试飞工作区	机坪		飞机冲出跑道导致事故发生	飞行指挥、空域协调等
34	试飞工作区	飞行控制区		飞机空中受损导致人员伤亡	试飞运行
35	试飞工作区	飞行控制区		飞机重着陆导致事故发生	相关专业人员作业
36	试飞工作区	飞行控制区		飞机在空中进入深失速等失控状态导致事故发生	试飞运行
37	试飞工作区	飞行控制区		飞机遭遇非预期的系统故障导致人员伤亡	试飞运行
38	试飞工作区	飞行控制区		遭遇跑道入侵或空域内出现其他飞行器导致人员伤亡	飞行指挥、空域协调等

（续表）

序号	一级场景	二级场景	三级场景	危险源描述	关联任务过程接口
39	试飞工作区	飞行控制区		飞机遭遇突发恶劣气象导致事故发生	试飞运行
40	试飞工作区	飞行控制区		机组成员获取飞机状态不充分导致事故发生	相关专业人员作业
41	试飞工作区	机坪		人员在机坪作业时未正确佩戴反光标示，导致被车辆撞倒而受伤	相关专业人员作业
42	试飞工作区	机坪		地面试验时，人员未站在限制区域外导致被试验器材、车辆或航空器碰伤	相关专业人员作业
43	试飞工作区	机库		人员在开关机库大门时未站在安全区域内导致被机库大门碰伤	相关专业人员作业
44	试飞工作区	机库		机库地板有水未及时清理或未设置警示标志导致人员滑倒摔伤	相关专业人员作业
45	试飞工作区	机库		现场工作梯损坏未及时维修导致人员受伤及工作梯的损坏	相关专业人员作业
46	试飞工作区	机库		现场工作梯未上锁导致碰撞他人或梯上人员受伤	相关专业人员作业
47	试飞工作区	跟试现场		人员跟试现场过程中作息不规律导致健康损害	相关专业人员作业
48	飞机	发动机		试验发动机停车时非试验发动机失效，导致出现噪声、废气、燃油消耗	试验勘察
49	飞机	发动机		飞机运行时发动机产生噪声	试验勘察
50	飞机	发动机		飞机发动机产生的燃油消耗及废气	试验勘察
51	试飞工作区	飞行控制区		地面滑行或空中巡航期间发生意外鸟击或鸟被吸入发动机，导致发动机故障或失效	试飞运行
52	飞机	发动机		航空器维修期间产生燃油损耗及废气	试验勘察

A.2　试飞组织岗位安全风险识别样例

试飞组织各岗位安全风险识别样例如表 A.2～表 A.10 所示。

表 A. 2　试飞员岗位安全风险识别样例

工作任务	工作步骤	危险源名称	现有风险控制措施
参与设计	开展评估等相关工作	评估结果与设计预期有偏离	专题会议与设计人员充分沟通,了解原理及构型特点,并分析、预测对飞行安全的影响
	提出建设性建议,提升飞行类手册、操作程序的科学性和可靠性	试飞员参与设计工作的流程不完备	修订完善试飞员参与设计工作的方案预案,保证信息沟通渠道畅通,实现资源共享
试飞任务	熟悉试飞任务	任务培训不及时,预先准备不扎实	熟知任务及任务执行的流程和顺序、重量重心、油量、空域、具体的试飞动作和机组配合要求,其他人员配合要求、通信、适航条款、安全限制、风险评估和应急措施
	熟悉试飞科目	模拟训练不到位	通过模拟训练和个人准备,熟悉试飞操作程序,把握试验执行条件、试飞技术方法和安全注意事项等
	了解试飞计划和飞机状态	对任务安排和飞机准备情况持续关注不够,了解情况不深入、不彻底,思想准备不充分	通过跟踪两周计划,全面掌握试飞计划和架机团队根据任务单所做的试飞准备工作,了解试飞任务风险点,研究试飞实施的具体方法
	参与任务协同	个人准备不充分,对任务单试验点及飞行方法掌握不细致	通过任务协同会,了解架机构型更改情况和准备状态、空域气象条件、管制频率和遥测人员设备准备情况,就任务单技术细节和试验点交换意见
	参与技术交底	对技术交底材料研究不透,对飞机状态不托底	敦促工程设计人员就排故、飞机构型更改、限制条件更新、上次航后讲评会遗留问题答复等向机组做专题汇报,并提出机组意见
	参与航前准备会及直接准备会	机组身体条件不达标、开会迟到,飞行装具不齐全,证件不完备等	关注试飞计划发布平台信息,及时报备身体不适的情况,认真完成飞行前个人准备工作
	了解空域限制和气象情况	空域限制和气象条件研究实时掌握不充分,空中态势不清楚	持续关注本场和飞行区域内气象条件及空域、管制协调情况,分析影响试飞的风险点

（续表）

工作任务	工作步骤	危险源名称	现有风险控制措施
	开展试飞实施	机组协同不充分,分工不合理	责任机长对试飞任务实施和飞机状态管控以及安全把关负完全责任,确保试飞实施中人员分工合理、按计划开展试飞、研判风险、把握安全底线
	参加航后讲评	对飞行实施各环节复盘不够细致,情况反馈不全面	机组飞行结束 6 小时内必须参加航后讲评会,并就试验动作完成情况、飞机状态、天气影响、观察到的特殊情况与工程设计人员交换意见,提出技术交底要求
开展训练	确认科目训练需求	试飞员训练科目安排不合理	为确保试飞安全和试飞工作规范化,由训练工程师根据试飞员具体情况编制和下发试飞科目表和任务单,科学实施试飞科目训练
	确认技术提升训练需求	试飞员训练计划与大纲有偏离	根据试飞员资质保持规定和技术提升训练规律,训练工程师根据训练大纲合理安排训练计划,在规定周期内进行相关复训,保持试飞员资质,确保试飞员队伍梯次搭配合理,满足试飞任务需求
	确认专项训练需求	试飞员训练专项计划针对性不强	根据试飞风险科目需求,制订专项训练计划,开展理论培训和试验台训练,掌握特殊风险科目试飞方法和飞机操纵特点、应急程序和注意事项
	训练任务接收	训练任务与试验任务有冲突	根据阶段试飞任务计划,合理统筹试飞员排班,试验试飞计划和训练计划协同制订,避免相互干扰和时间冲突,并留有调整余地
	按计划开展训练	试飞任务间隙开展培训,训练连续性不好,效果打折扣	密切关注项目进展,分解试验试飞任务,根据时间节点统一制订训练计划,并适时做出调整,确保试验试飞和试飞员训练两不误
	训练档案递交	训练档案收集归档不及时	训练档案是试飞员资质认证的基础资料,应指定专人及时认真做好档案验收、归类、登记、专柜保管工作,严格训练档案查阅、借阅登记、审批制度,确保档案资料调阅方便、日常管理安全有序

表 A.3　试飞工程师岗位安全风险识别样例

工作任务	工作步骤	危险源名称	现有风险控制措施
试飞航前准备	完成试飞任务单编制批准	任务单内容有影响试飞有效性或试飞安全的错误	严格落实《试飞任务单编制规定》,完成试飞任务单编制批准
	确认工程技术文件到位	工程技术文件未到位	根据飞行内容,飞行日前一天组织相关专业确认文件到位情况,派专人确认文件流程和到位情况
	确认测试改装到位并满足试验要求	测试改装未到位或不满足试验要求	根据飞行内容,飞行日前一天组织相关专业确认文件到位情况,派专人确认测试改装到位情况和可用性
	任务协同	任务协同不充分	制订任务协同检查单,严格按步骤和要求开展任务协同
飞行实施	登机前飞行装具检查	遗漏飞行装具	根据《试飞工程师机上工作检查单》要求,依次对登机前检查项目进行核对,避免错漏
	舱门关闭及预位	舱门未按要求关闭或预位	根据《试飞工程师机上工作检查单》,在任务单中落实舱门预位要求,避免起飞前未将舱门预位
	科目试验	未按照科目风险评估单落实相关风险降低措施	严格按照科目风险评估单要求
			科目执行时,严格遵守风险降低措施要求执行飞行工作
			根据风险评估单中的风险处置预案
	舱门解除预位和开启	舱门未解除预位	根据《试飞工程师机上工作检查单》要求,在任务单中落实舱门解除预位要求,避免在舱门未解除预位情况下打开
飞行实施	完成模拟机任务单	任务单内容有影响试飞有效性或试飞安全的错误	严格按照《模拟机试飞任务单编制规定》,完成模拟机试飞任务单编制

表 A.4　运控工程师岗位安全风险识别样例

工作任务	工作步骤	危险源名称	现有风险控制措施
发布飞行周计划	掌握科目准备情况	科目构型不到位	根据《运控工程师工作细则》,详细掌握了解科目构型情况
	掌握飞机准备情况	飞机构型冻结不及时,影响飞机飞行前检查	与外场试验队制造中队、机务团队加强沟通,保证飞机构型及时冻结,完成机务预先准备等航前准备工作
	天气预报分析	危险天气影响安全,特殊科目有效性	根据《运控工程师工作细则》,详细了解天气预报情况,明确危险天气对飞行安全是否有影响
	掌握飞机监控项剩余架次和飞行循环情况	限寿件与定检项影响试飞安全与试飞效率	与试飞工程师与维管专业加强沟通,将飞机定检项与试飞计划相匹配
	编制飞行周计划,周计划中明确研制飞机所需的架次数和飞行循环数	限寿件与定检项影响试飞安全与试飞效率	与试飞工程师与维管专业加强沟通,将飞机定检项与试飞计划相匹配
	飞行周计划批准与发布	飞行周计划发布不及时	根据《运控工程师工作细则》,及时更新发布飞行周计划
航前准备会	确认会议室可用	会议室设备不可用	会议召开前,与运维人员检查会议室准备情况
	确认各项航前准备情况	部分专业准备不到位	落实运控专业检查单制度,提前检查各专业准备情况
	发布航前准备会通知	忘记发通知	落实运控工程师和签派工程师交叉检查制度,相互配合
	召集开会人员	部分人员迟到	及时发布航前准备会通知
	会议录音并保存	忘记录音	落实运控工程师和签派工程师交叉检查制度,相互配合
发布飞行日计划	掌握科目准备情况	科目构型不到位	与科目团队加强沟通,及时掌握构型到位情况
	飞机状态跟踪	飞机构型冻结不及时,影响飞机飞行前检查	与外场试验队制造中队、机务团队加强沟通,保证飞机构型及时冻结,完成机务预先准备、飞机定检等航前准备工作

（续表）

工作任务	工作步骤	危险源名称	现有风险控制措施
	质量文件状态跟踪	文件关闭不及时	与各单位质量人员加强沟通,确保文件及时关闭
	天气预报分析	危险天气影响安全,特殊科目有效性	从安全性和有效性双重角度出发,落实气象会商制度
	空域活动情况跟踪	空域限制影响次日飞行	与航管专业加强沟通,在有限制的情况下,在保证飞行安全的前提下,完成试飞任务
	其他飞行要素预警	要素识别不全	落实运控工程师和签派工程师交叉检查制度,相互配合
	综合所有要素,提供次日飞行计划建议	要素识别不全	落实运控工程师和签派工程师交叉检查制度,相互配合
	飞行日计划决策	要素识别不全	落实运控工程师和签派工程师交叉检查制度,相互配合
	发布飞行日计划	发布日计划不及时	落实早晚例会制度,与现场各团队及时讨论,确保任务明确、飞机构型明确
航前准备系统启动	确认参试部门的相关航前准备文件上传及时	上传不及时	根据《运控工程师工作细则》,确认参试部门的相关航前准备文件上传及时
	在任务单管理一栏,手动同步任务单,并启动相应任务单,输入直接准备会时间、科目及任务时间	启动不及时	在任务单管理一栏,及时手动同步填写任务单,并启动相应任务单,输入直接准备会时间、科目及任务时间
	在航前准备系统一栏选择相应任务单,进行人员配置	人员配置错误	在航前准备系统一栏选择相应任务单,准确进行人员配置
直接准备会	确认会议室可用	会议室设备不可用	与现场运维保持联系,保证视频会议设备提前开启
	确认各项航前准备情况	部分专业准备不到位	落实运控专业检查单制度,提前检查各专业准备情况,确保放行无误

（续表）

工作任务	工作步骤	危险源名称	现有风险控制措施
	发布直接准备会通知	忘记发通知	相互备份互相提醒及时发布直接准备会通知
	召集开会人员	部分人员迟到	及时发布直接准备会通知
	会议录音并保存	忘记录音	相互备份提醒会议录音并保存
航后讲评会	确认会议室可用	会议室视频设备不可用	提前到达会场,确认会议室及相关设备可用
	确认是否召开航后讲评会	航后信息沟通不畅	飞机关车后,与执飞机组和架机领导协商是否召开航后讲评会
	发布航后讲评会通知	忘记发通知	根据《运控工程师工作细则》,按需发布航后讲评会通知
	召集开会人员	部分人员迟到	及时发布航前准备会通知
	会议录音并保存	忘记录音	相互提醒会议录音并保存
信息报送	获取架次信息	获取信息不及时	及时获取架次信息
	编制文字版及平台版战报	出现文字错误	相互备份检查文字版和平台版战报有无文字错误
	战报校核并发布	发布不及时	及时校核并发布战报

表 A.5　签派工程师岗位安全风险识别样例

工作任务	工作步骤	危险源名称	现有风险控制措施
	确定次日执飞机型、机号、试飞性质等内容	内容确认有误	根据《飞行类计划管理程序》,确定次日执飞机型、机号、试飞性质等内容
	根据项目计划及飞机准备情况统筹安排各架机的飞行任务	信息流转不顺	根据《飞行类计划管理程序》,统筹安排各架机的飞行任务
飞行计划申报	根据任务单确定相关气象要求、试飞时长、飞行剖面	试飞任务单变更	根据《飞行类计划管理程序》,按任务单确定相关气象要求、试飞时长、飞行剖面
	确认试飞特殊要求,包括拟申请空域是否满足需求(高度、大小)、是否需要进近复	试飞任务单变更	根据《飞行类计划管理程序》,完成如空域要求、进近次数等方面需确认的试飞特殊要求

工作任务	工作步骤	危险源名称	现有风险控制措施
	飞（进近次数）、是否开展高频试验（高频通信频率、选呼代码）、是否验证广播式自动相关监视（ADS-B）（通知通导专业安排监控人员）		
	确定次日登机的试飞员、试飞工程师、指挥员	人员变更	根据《飞行类计划管理程序》，确定次日登机的试飞员、试飞工程师、指挥员
	联系航管人员，核对可申请的空域或航线、飞行高度	空域临时限制	根据《飞行类计划管理程序》，联系航管人员，核对可申请的空域或航线、飞行高度
	联系气象人员，核对次日天气是否支持起降和备降	天气条件边缘	根据《飞行类计划管理程序》，联系气象人员，核对次日天气是否支持起降和备降
	编制飞行计划申请表，提交航管工程师，由运行控制安全部门航管工程师向有关军、民航等管制单位申报飞行计划	错过计划受理时间	根据《飞行类计划管理程序》，编制飞行计划申请表，提交航管工程师
航务资料准备	按期更新《国内航空资料汇编》（NAIP）	更新不及时	根据《飞行航务资料管理程序》，按期更新《国内航空资料汇编》（NAIP）
	提前核对飞行所涉及机场的航图资料完备性和有效性	更新不及时	根据《飞行航务资料管理程序，提前核对飞行所涉及机场的航图资料完备性和有效性
	检查航路坐标信息表（包含主航路和到备降场的航路，检查手写签字和航路点坐标准确性）	资料有误	根据《飞行航务资料管理程序》，检查航路坐标信息表
	检查空域图是否为最新版，是否签字	更新不及时	根据《飞行航务资料管理程序》，检查空域图是否为最新签字版
航务资料检查	检查 NAIP 有效性和完整性	资料有遗失	根据《飞行航务资料管理程序》，检查 NAIP 有效性和完整性

（续表）

工作任务	工作步骤	危险源名称	现有风险控制措施
	检查气象资料（是否包含预报单、云图、高空风温图，预报机场和高度层是否涵盖飞行需要，备降场天气是否满足要求）	资料提供不及时	根据《飞行航务资料管理程序》，检查气象资料
	检查空域图（手写签字和更新日期）	更新不及时	根据《飞行航务资料管理程序》，检查空域图更新是否及时
	检查飞行员操作前简报（PIB）〔是否有影响飞行的限制，包括机场仪表着陆系统（ILS）、甚高频全向信标（VOR）等导航和助航设施是否可用，机场是否接受备降，跑道是否关闭，航路是否关闭〕	资料提供不及时	根据《飞行航务资料管理程序》，检查 PIB 资料提供是否及时
	将备降机场及空域的 NAIP 机场航图手册、航空气象资料、飞行前资料公告提供给机组	资料提供不及时	根据《飞行航务资料管理程序》，将备降机场及空域的 NAIP 机场航图手册、航空气象资料、飞行前资料公告提供给机组
飞行批准	确认飞机状态、地面保障和其他各项准备工作已经完成	个别专业存在放行风险	根据《飞行批准程序》，确认飞机状态、地面保障和其他各项准备工作已经完成
	收集放飞确认单及相关单位飞行批准单并进行核查	各专业提交不及时	根据《飞行批准程序》，收集放飞确认单及相关单位飞行批准单并进行核查
	填写并组织飞行批准单的签署工作	签署不及时	根据《飞行批准程序》，及时填写并组织飞行批准单的签署工作

表 A.6　主任飞行师岗位安全风险识别样例

工作任务	工作步骤	危险源名称	现有风险控制措施
技术评估	评估试飞员试飞技术	评估结果带有主观色彩	由评审人员进行推荐，以专题讨论会的形式再次评估，达成最终评定结果
	推荐技术合格的试飞员提升技术等级	推荐试飞员技术水平未达标	推荐试飞员需通过飞委会专题会议评估后，方可获取授权
标准、大纲评估	在试飞运行中总结问题	问题总结不全面	试飞员试飞工程师在两型号、多架机试飞运行过程中产生的问题进行总结，互相交流，共同总结

（续表）

工作任务	工作步骤	危险源名称	现有风险控制措施
	提出大纲修订意见	修订意见主观化	通过飞行委召开专题委员会的形式共同讨论商定结果
	完成标准、大纲评估	标准、大纲评估偏差	在试飞运行中不断总结、修订,通过实践反复验证

表 A.7 指挥员岗位安全风险识别样例

工作任务	工作步骤	危险源名称	现有风险控制措施
试飞任务	熟悉试飞任务	任务熟悉不及时,预先准备不扎实	熟知任务及任务执行的流程和顺序、空域、机组配合要求、其他人员配合要求、通信、适航条款、安全限制、风险评估和应急措施
	了解试飞计划和飞机状态	对任务安排和飞机准备情况持续关注不够,了解情况不深入不彻底,思想准备不充分	跟踪周计划
	参与任务协同	个人准备不充分,对任务单试验点及飞行方法掌握不细致	任务协同会
	参与技术交底	对技术交底材料研究不透,对飞机状态不托底	敦促工程设计人员就排故、飞机构型更改、限制条件更新、上次航后讲评会遗留问题答复等向机组专题汇报并提出机组意见
	参与航前准备会及直接准备会	机组身体条件不达标、开会迟到,飞行装具不齐全,证件不完备等	关注试飞计划发布平台信息,及时报备身体不适的情况,认真完成飞行前个人准备工作
	了解空域限制和气象情况	空域限制和气象条件研实时掌握不充分,空中态势不清楚	持续关注本场和飞行区域内气象条件,及空域、管制协调情况
	开展试飞实施	机组与指挥员协同不充分,分工不合理	试飞实施中人员分工合理
	参与航后讲评	对飞行实施各环节复盘不够细致,情况反馈不全面	航后讲评会,提出技术交底要求

（续表）

工作任务	工作步骤	危险源名称	现有风险控制措施
开展培训	专项培训需求	指挥员训练专项计划针对性不强	制订专项培训计划
	按计划开展培训	试飞任务间隙开展培训，连续性不好，效果打折扣	分解试验试飞任务

表 A.8　飞行训练工程师岗位安全风险识别样例

工作任务	工作步骤	危险源名称	现有风险控制措施
试飞任务	协调训练资源	模拟机和试验台资源不够，无法支撑飞行训练，导致飞行训练无法开展，影响试飞员技术保持，影响试飞任务	与相关单位邮件沟通，确认是否可以使用模拟机和试验台
	编制训练计划	训练计划编制失当，缺乏可实施性，造成试飞员重难点科目训练力度不足，对飞行造成影响	根据每个人的复训、训练需求，安排训练计划
飞行保障	试飞现场保障	试飞资料准备不充分，影响飞行安全	根据试飞现场的需求开展针对性保障工作

表 A.9　飞行标准工程师岗位风险识别样例

工作任务	工作步骤	危险源名称	现有风险控制措施
飞行标准管理	资质管理	资质过期未及时发现，造成试飞员资质无效，影响飞行	每个月检查所有试飞员的资质有效期
	飞行经历统计	经历统计错误造成试飞员升级管理失控，影响试飞员技术水平的正确评估和试飞安全	每个月累计所有试飞员的经历时间，监控试飞员的经历和起落数
飞行保障	试飞现场保障	试飞资料准备不充分，影响飞行安全	根据试飞现场的需求开展针对性保障工作

表 A.10　客舱评估工程师岗位安全风险识别样例

工作任务	工作步骤	危险源名称	现有风险控制措施
设计评估	评估内容对应性准备	准备工作不够到位	加强与设计师沟通交流，充分了解设计需求

（续表）

工作任务	工作步骤	危险源名称	现有风险控制措施
	完成客舱整体布局、各设施设备及人机物理功效的设计评估	部分评估结果与设计工程要求不协调	与设计师深入交流,提前了解相关内容在设计工程方面的限定
使用评估	评估内容对应性准备	准备工作不够到位	加强与全面试制人员沟通交流,充分了解全面试制需求
	完成对客舱各设施/设备及各操作系统使用功能性评估	设备实操中未严格按照标准流程操作,易出现评估结果偏差	充分熟悉所有设备设施操作流程
试飞评估	评估内容对应性准备	准备工作不够到位	加强与试飞取证人员沟通交流,充分了解试飞取证需求
实操评估	评估内容对应性准备	准备工作不够到位	加强与相关人员沟通交流,充分了解相关需求
	完成型号实操性能和运行能力的评估,提出客舱设计优化建议	设备实操中未严格按照标准流程操作,易出现评估结果偏差	评估操作前充分熟悉所有设备设施操作流程

附录 B 科目风险管理类安全风险识别样例

B.1 科目风险管理场景安全风险识别样例

科目风险管理场景安全风险识别样例如表 B.1 所示。

表 B.1 科目风险管理场景安全风险识别样例

序号	一级场景	二级场景	三级场景	危险源描述	关联任务过程接口
1	功能性区域	行政办公区	办公区	地面积水未及时清理,导致人员的滑倒、摔伤	相关专业人员作业
2	功能性区域	行政办公区		室内空气遭到污染,导致人员产生呼吸道疾病	相关使用人员
3	功能性区域	行政办公区		外来人员未在门卫处登记,导致公司的财产损失	相关专业人员作业
4	功能性区域	行政办公区		电源插座接入太多设备或插座上又接插座,导致火灾及漏电	相关使用人员
5	功能性区域	行政办公区		可燃物和插座混放在一起,导致火灾	相关使用人员
6	功能性区域	行政办公区		人员经常伏案工作,导致用眼过度,颈椎及腰椎疾病	相关使用人员
7	试验室	某试验室	/	试验室人员在进行日常操作或故障排除时因触碰到绝缘层损坏的电线、工作中操作不当或电源、插座使用不规范等原因,发生触电	相关使用人员
8	试验室	某试验室	/	模拟器系统集成与维护设备因老化、短路等引发起火	相关使用人员

（续表）

序号	一级场景	二级场景	三级场景	危险源描述	关联任务过程接口
9	试验室	某试验室	/	试验室人员在搬运大件重物、进行模拟器顶部清洁维护时存在碰伤、高处坠落、设备碰坏的风险	相关使用人员
10	试验室	某试验室	/	模拟器系统集成与维护时，遭遇持续性暴雨或洪灾导致一楼试验室积水，进而损坏试验室设备	相关使用人员
11	试验室	某试验室	/	试验室人员在进行飞行仿真技术日常操作或故障排除时因触碰到绝缘层损坏的电线、工作中操作不当或电源、插座使用不规范等原因，发生触电	相关使用人员
12	试验室	某试验室	/	飞行仿真技术设备老化、短路等引发起火	相关使用人员
13	试验室	某试验室	/	试验室飞行仿真技术人员在搬运大件重物、模拟器顶部清洁维护时存在碰伤、高处坠落、设备碰坏的风险	相关使用人员
14	试验室	某试验室	/	飞机在进行回路系统试验测试时，机柜使用 220V 电源供给 UPS 电源模块，在电源开关过程中有触电风险；违反操作规程，如不规范布线、未佩戴绝缘手套作业导致人员触电；因设备设施老化并存在故障和缺陷，造成漏电导致人员触电	相关使用人员
15	试验室	某试验室	/	航电/电气试飞技术岗电源插座接入太多设备或插座上续接插座，致使火灾或漏电；未及时关闭设备电源，致使设备通电时间过长，温度过高，引起着火；供电线路老化、超负荷运行，导致线路发热，引起着火；用电设备故障，产生火花，导致火灾	相关使用人员

（续表）

序号	一级场景	二级场景	三级场景	危险源描述	关联任务过程接口
16	试验室	某试验室	/	试验室人员在搬运大件重物、模拟器顶部清洁维护时存在碰伤、高处坠落、碰坏设备的风险	相关使用人员
17	试飞工作区	机库	机库	燃油系统油量标定试验过程中，燃油暴露在外，存在因意外而燃油泄漏、着火的可能性，造成人员及设备损坏	试飞运行
18	试飞工作区	机坪	停机坪作业	飞机现场人员由于疏忽，未能按照机场规定路线行走，导致人员受伤，设备损坏	相关使用人员
19	试飞工作区	飞行控制区	冲压空气涡轮（RAT）手动释放	飞机在地面执行 RAT 手动释放试验时，试验人员被 RAT 意外砸伤	相关专业人员作业
20	试飞工作区	飞行控制区	机上自动测试程序（OATP）跟试	飞机现场 OATP 跟试人员未站在限制区域外，致使人员意外受伤，设备损坏	相关使用人员
21	试飞工作区	飞行控制区	某试飞科目	试验检查人员未站在限制区域外或在限制时间外接近飞机，如果此时机轮发生爆胎，将导致人员意外受伤	相关使用人员
22	试飞工作区	飞行控制区	某试飞科目	跟试人员未站在限制区域外，如果此时飞机发生侧翻，将导致人员意外受伤	相关使用人员
23	试飞工作区	飞行控制区	气象雷达开启后人员受到辐射	飞机在地面开启气象雷达后，在机头前方 15 m 范围内，有人员走动，受到辐射	相关专业人员作业
24	试飞工作区	飞行控制区	飞机现场 OATP 跟试人员误触碰设备	飞机现场 OATP 跟试人员未站在限制区域外，致使人员意外受伤，设备损坏	相关使用人员
25	试飞工作区	飞行控制区	配载过程中，误触碰客舱中的测试改装设备，造成人员伤害或设备损坏	在配载现场，进行沙袋搬运时，未注意周围情况，误触碰客舱中的测试改装设备，导致设备损坏或人员受伤	试飞运行

（续表）

序号	一级场景	二级场景	三级场景	危险源描述	关联任务过程接口
26	试飞工作区	飞行控制区	称重过程中，无碰撞飞机造成人员伤害	称重过程中，机务人员拖飞机时未注意周围情况误碰撞飞机，造成人员伤害。	试飞运行
27	试飞工作区	飞行控制区	飞机在回路系统机上试验	飞机在回路系统进行机上试验时，需要粘贴倾角传感器设备，存在设备掉落风险。无关人员闯入触碰设备导致设备损坏和人员受伤	相关使用人员
28	特殊作业环境	高温/高湿	高温高湿试验保障	高温高湿试验期间，存在地面热浸湿和热浸透后登机检查、高温下进行飞机排故调试工作的情况，飞机现场人员长时间暴露在高温环境中可能会导致晒伤或中暑	相关使用人员
29	特殊作业环境	高寒	高寒试验保障	现场人员长时间暴露在低温环境中，导致人员冻伤	相关使用人员
30	特殊作业环境	高温/高湿	水池注水（溅水试验）	水管组总闸未关闭时，水池最后一组关闭阀门存在超压风险，超压会导致阀门结构损坏，破损结构飞出，进而致使人员受伤。	相关使用人员
31	特殊作业环境	高温/高湿		注水前，人员可能站在水枪出口处。此时水池组阀门未关闭，总闸突然打开，高速高压水流冲击人员面部，致人摔倒	相关专业人员作业
32	特殊作业环境	受限空间	排液试飞保障	现场拍照记录人员误触着色水，导致中毒	相关专业人员作业
33	特殊作业环境	受限空间		现场拍照记录人员登高查看，不小心跌落	相关使用人员
34	特殊作业环境	受限空间	防火试飞保障	试验人员误触低温设备，致使人员受伤	相关使用人员
35	特殊作业环境	受限空间	热燃油试飞保障	燃油加热及热燃油注入飞机过程中，意外发生燃油闪爆，对现场人员及设备产生安全影响	相关使用人员

（续表）

序号	一级场景	二级场景	三级场景	危险源描述	关联任务过程接口
36	特殊作业环境	受限空间	油箱通气试飞保障	油漆喷涂过程中由于大风或其他意外情况导致油漆进入施工人员口、鼻、眼；油漆喷涂过程中人员意外高空跌落	相关使用人员
37	特殊作业环境	高原	高原试验保障	因在处于低压缺氧环境的高原机场工作，人员身体不适	相关使用人员
38	特殊作业环境	大侧风	侧风试验保障	侧风下的发动机排气方向会发生偏转，可能会吹袭附近保障人员，导致人员受伤	相关使用人员
39	特殊作业环境	大侧风	侧风试验保障	试验现场风速较大，可能吹起场地附近物品，砸伤人员或飞机，或被发动机吸入，损伤飞机	相关使用人员

B. 2　科目风险管理岗位安全风险识别样例

科目风险管理各岗位安全风险识别样例如表 B. 2～表 B. 14 所示。

表 B. 2　试飞任务规划技术岗岗位风险识别样例

工作任务	工作步骤	危险源名称	现有风险控制措施
试飞任务规划	梳理型号飞机试飞科目样例	在设计阶段试飞科目需求不明确，存在变动较大的风险	组织各专业在各阶段与设计专业进行多轮对接和技术讨论
	评估试飞任务量	条件不充分、不明确导致任务量评估不准确	在试飞科目样例完整的前提下，与各专业进行技术分解，多轮技术讨论确定任务量
	编制飞行试验总体方案	在顶层规划内容方面，与设计和民机试飞安全其他部门工作协调进度不匹配	组织专项协调会，跟踪进展
	编制试飞任务分配与备份方案	飞机构型计划及条件不明确，导致该方案内容后期经常变动	根据构型情况进行迭代
	开展试飞需求分析	利益攸关方及需求捕获不明确	运用系统工程思维开展相关工作

表 B. 3 综合试飞技术岗岗位风险识别样例

工作任务	工作步骤	危险源名称	现有风险控制措施
试飞工程技术准备	试飞大纲编制	试飞要求未按时发布,且由于进度要求,试飞大纲必须如期发布	按《试飞工程设计控制》要求,逐步开展试飞大纲编制工作
	试飞测试任务书编制	试飞要求未能将全部测试需求传递	按《试飞工程设计控制》要求,开展试飞测试任务书编制
	实时/预处理任务书编制	测试部门未会签	按《试飞工程设计控制》要求,实时/预处理任务书编制
	试飞风险评估单编制	试飞科目危险源识别不充分	严格按照《试飞科目安全风险管理》开展试飞风险评估单编制
	按需参与试验跟试	课题工程师未经过机上操作培训,在跟试过程中,存在人员受伤或损伤飞机的可能	熟悉"基于场景隐患识别样例",在跟试前,提前了解场景相关风险源、风险管控措施及应急预案;开展工作时按要求穿戴劳防用品
试飞数据分析	试飞架次有效性确认报告编制	试飞数据量较大,分析时间较长,试飞数据分析人员容易产生严重疲劳	按照《试飞现场关键疲劳岗位管理指南》对试飞架次有效性确认报告编制人员的疲劳状态进行管控
配载设计	重量平衡计算	重量平衡表内容变更流程不明确	按《配载控制程序》开展重量平衡计算
	配载实施	实施责任人不明确;配载实施任务进行过程中,当相关单位人手不够时,会要求课题工程师配合实施,存在课题工程师在无资质情况下违规操作的情况	按《配载控制程序》开展配载实施工作
地面监控	监控实施	监控人员未到场	按《试飞监控人员管理程序》开展现场试飞监控人员管控工作
	监控实施	人员资质不满足需求	按《试飞监控人员管理程序》开展现场试飞监控人员管控工作
	监控实施	当日连续监控时间较长,监控人员严重疲劳	按《试飞现场关键疲劳岗位管理指南》对现场试飞监管人员的疲劳状态进行管控

表 B.4　性能试飞技术岗岗位风险识别样例

工作任务	工作步骤	危险源名称	现有风险控制措施
试飞工程技术准备	试飞大纲编制	试飞要求未按时发布,且由于进度要求,试飞大纲必须如期发布	按《试飞工程设计控制》要求,逐步开展试飞大纲编制工作
	试飞测试任务书编制	试飞要求未能将全部测试需求传递	按《试飞工程设计控制》要求,开展试飞测试任务书编制
	实时/预处理任务书编制	测试部门未会签	按《试飞工程设计控制》要求,实时/预处理任务书编制
	试飞风险评估单编制	试飞科目危险源识别不充分	严格按照《试飞科目安全风险管理》开展试飞风险评估单编制
	按需参与试验跟试	课题工程师未经过机上操作培训,在跟试过程中,存在人员受伤或损伤飞机的可能	熟悉"基于场景风险识别样例",在跟试前,提前了解场景相关风险源、风险管控措施及应急预案;开展工作时按要求穿戴劳防用品
试飞数据分析	试飞架次有效性确认报告编制	试飞数据量较大,分析时间较长,试飞数据分析人员容易产生严重疲劳	按照《试飞现场关键疲劳岗位管理指南》对试飞架次有效性确认报告编制人员的疲劳状态进行管控
配载设计	重量平衡计算	重量平衡表内容变更流程不明确	按《配载控制程序》开展重量平衡计算
	配载实施	实施责任人不明确	按《配载控制程序》开展配载实施工作

表 B.5　操稳试飞技术岗岗位风险识别样例

工作任务	工作步骤	危险源名称	现有风险控制措施
试飞工程技术准备	试飞大纲编制	试飞要求未按时发布,且由于进度要求,试飞大纲必须如期发布	按《试飞工程设计控制》要求,逐步开展试飞大纲编制工作
	试飞测试任务书编制	试飞要求未能将全部测试需求传递	按《试飞工程设计控制》要求,开展试飞测试任务书编制
	实时/预处理任务书编制	测试部门未会签	按《试飞工程设计控制》要求,实时/预处理任务书编制
	试飞风险评估单编制	试飞科目危险源识别不充分	严格按照《试飞科目安全风险管理》开展试飞风险评估单编制

（续表）

工作任务	工作步骤	危险源名称	现有风险控制措施
	按需参与试验跟试	课题工程师未经过机上操作培训,在跟试过程中,存在人员受伤或损伤飞机的可能	熟悉"基于场景隐患识别样例",在跟试前,提前了解场景相关风险源、风险管控措施及应急预案;开展工作时按要求穿戴劳防用品
试飞数据分析	试飞架次有效性确认报告编制	试飞数据量较大,分析时间较长,试飞数据分析人员容易产生严重疲劳	按照《试飞现场关键疲劳岗位管理指南》对试飞架次有效性确认报告编制人员的疲劳状态进行管控
配载设计	重量平衡计算	重量平衡表内容变更流程不明确	按《配载控制程序》开展重量平衡计算
	配载实施	实施责任人不明确	
		现场有配载实施任务时,相关单位人员往往以人手不够原因,要求课题工程师配合实施,存在课题工程师在无资质情况下违规操作的情况	按《配载控制程序》开展配载实施工作

表 B.6　强度声学试飞技术岗岗位风险识别样例

工作任务	工作步骤	危险源名称	现有风险控制措施
试飞工程技术准备	试飞大纲编制	试飞要求未按时发布,且由于进度要求,试飞大纲必须如期发布	按《试飞工程设计控制》要求,逐步开展试飞大纲编制工作
	试飞测试任务书编制	试飞要求未能将全部测试需求传递	按《试飞工程设计控制》要求,开展试飞测试任务书编制
	实时/预处理任务书编制	测试部门未会签	按《试飞工程设计控制》要求,实时/预处理任务书编制
	试飞风险评估单编制	试飞科目危险源识别不充分	严格按照《试飞科目安全风险管理》开展试飞风险评估单编制
	按需参与试验跟试	课题工程师未经过机上操作培训,在跟试过程中,存在人员受伤或损伤飞机的可能	熟悉"基于场景隐患识别样例",在跟试前,提前了解场景相关风险源、风险管控措施及应急预案;开展工作时按要求穿戴劳防用品

工作任务	工作步骤	危险源名称	现有风险控制措施
试飞数据分析	试飞架次有效性确认报告编制	试飞数据量较大，分析时间较长，试飞数据分析人员容易产生严重疲劳	按照《试飞现场关键疲劳岗位管理指南》对试飞架次有效性确认报告编制人员疲劳状态进行管控
配载设计	重量平衡计算	重量平衡表内容变更流程不明确	按《配载控制程序》开展重量平衡计算
	配载实施	实施责任人不明确	按《配载控制程序》开展配载实施工作
		现场有配载实施任务时，相关单位人员往往以人手不够原因，要求课题工程师配合实施，存在课题工程师在无资质情况下违规操作的情况	

表 B.7　动力装置系统试飞技术岗岗位风险识别样例

工作任务	工作步骤	危险源名称	现有风险控制措施
试飞工程技术准备	试飞大纲编制	试飞要求未按时发布，且由于进度要求，试飞大纲必须如期发布	按《试飞工程设计控制》要求，逐步开展试飞大纲编制工作
	试飞测试任务书编制	试飞要求未能将全部测试需求传递	按《试飞工程设计控制》要求，开展试飞测试任务书编制
	实时/预处理任务书编制	测试部门未会签	按《试飞工程设计控制》要求，实时/预处理任务书编制
	试飞风险评估单编制	试飞科目危险源识别不充分	严格按照《试飞科目安全风险管理》开展试飞风险评估单编制
	按需参与试验跟试	课题工程师未经过机上操作培训，在跟试过程中，存在人员受伤或损伤飞机的可能	熟悉"基于场景隐患识别样例"，在跟试前，提前了解场景相关风险源、风险管控措施及应急预案；开展工作时按要求穿戴劳防用品
试飞数据分析	试飞架次有效性确认报告编制	试飞数据量较大，分析时间较长，试飞数据分析人员容易产生严重疲劳	按照《试飞现场关键疲劳岗位管理指南》对试飞架次有效性确认报告编制人员疲劳状态进行管控
配载设计	重量平衡计算	重量平衡表内容变更流程不明确	按《配载控制程序》开展重量平衡计算

（续表）

工作任务	工作步骤	危险源名称	现有风险控制措施
配载实施		实施责任人不明确	按《配载控制程序》开展配载实施工作
		现场有配载实施任务时，相关单位人员往往以人手不够原因，要求课题工程师配合实施，存在课题工程师在无资质情况下违规操作的情况	

表 B.8　燃油防火系统试飞技术岗岗位风险识别样例

工作任务	工作步骤	危险源名称	现有风险控制措施
试飞工程技术准备	试飞大纲编制	试飞要求未按时发布，且由于进度要求，试飞大纲必须如期发布	按《试飞工程设计控制》规定要求，逐步开展试飞大纲编制工作
	试飞测试任务书编制	试飞要求未能将全部测试需求传递	按《试飞工程设计控制》规定要求，开展试飞测试任务书编制
	实时/预处理任务书编制	测试部门未会签	按《试飞工程设计控制》要求，实时/预处理任务书编制
	试飞风险评估单编制	试飞科目危险源识别不充分	严格按照《试飞科目安全风险管理》开展试飞风险评估单编制
	按需参与试验跟试	课题工程师未经过机上操作培训，在跟试过程中，存在人员受伤或损伤飞机的可能	熟悉"基于场景隐患识别样例"，在跟试前，提前了解场景相关风险源、风险管控措施及应急预案；开展工作时按要求穿戴劳防用品
试飞数据分析	试飞架次有效性确认报告编制	试飞数据量较大，分析时间较长，试飞数据分析人员容易产生严重疲劳	按照《试飞现场关键疲劳岗位管理指南》对试飞架次有效性确认报告编制人员疲劳状态进行管控
配载设计	重量平衡计算	重量平衡表内容变更流程不明确	按《配载控制程序》开展重量平衡计算
	配载实施	实施责任人不明确	按《配载控制程序》开展配载实施工作

表 B.9　环控系统试飞技术岗岗位风险识别样例

工作任务	工作步骤	危险源名称	现有风险控制措施
试飞工程技术准备	试飞大纲编制	试飞要求未按时发布,且由于进度要求,试飞大纲必须如期发布	按《试飞工程设计控制》要求,逐步开展试飞大纲编制工作
	试飞测试任务书编制	试飞要求未能将全部测试需求传递	按《试飞工程设计控制》要求,开展试飞测试任务书编制
	实时/预处理任务书编制	测试部门未会签	按《试飞工程设计控制》要求,实时/预处理任务书编制
	试飞风险评估单编制	试飞科目危险源识别不充分	严格按照《试飞科目安全风险管理》开展试飞风险评估单编制
	按需参与试验跟试	课题工程师未经过机上操作培训,在跟试过程中,存在人员受伤或损伤飞机的可能	熟悉"基于场景隐患识别样例",在跟试前,提前了解场景相关风险源、风险管控措施及应急预案;开展工作时按要求穿戴劳防用品
试飞数据分析	试飞架次有效性确认报告编制	试飞数据量较大,分析时间较长,试飞数据分析人员容易产生严重疲劳	按照《试飞现场关键疲劳岗位管理指南》对试飞架次有效性确认报告编制人员疲劳状态进行管控
配载设计	重量平衡计算	重量平衡表内容变更流程不明确	按《配载控制程序》开展重量平衡计算
	配载实施	实施责任人不明确	按《配载控制程序》开展配载实施工作

表 B.10　航电试飞技术岗岗位风险识别样例

工作任务	工作步骤	危险源名称	现有风险控制措施
试飞工程技术准备	试飞大纲编制	试飞要求未按时发布,且由于进度要求,试飞大纲必须如期发布	按《试飞工程设计控制》要求,逐步开展试飞大纲编制工作
	试飞测试任务书编制	试飞要求未能将全部测试需求传递	按《试飞工程设计控制》要求,开展试飞测试任务书编制
	实时/预处理任务书编制	测试部门未会签	按《试飞工程设计控制》要求,实时/预处理任务书编制
	试飞风险评估单编制	试飞科目危险源识别不充分	严格按照《试飞科目安全风险管理》开展试飞风险评估单编制

(续表)

工作任务	工作步骤	危险源名称	现有风险控制措施
	按需参与试验跟试	课题工程师未经过机上操作培训,在跟试过程中,存在人员受伤或损伤飞机的可能	熟悉"基于场景隐患识别样例",在跟试前,提前了解场景相关风险源、风险管控措施及应急预案;开展工作时按要求穿戴劳防用品
试飞数据分析	试飞架次有效性确认报告编制	试飞数据量较大,分析时间较长,试飞数据分析人员容易产生严重疲劳	按照《试飞现场关键疲劳岗位管理指南》对试飞架次有效性确认报告编制人员疲劳状态进行管控
配载设计	重量平衡计算	重量平衡表内容变更流程不明确	按《配载控制程序》开展重量平衡计算

表 B.11 电气试飞技术岗岗位风险识别样例

工作任务	工作步骤	危险源名称	现有风险控制措施
试飞工程技术准备	试飞大纲编制	试飞要求未按时发布,且由于进度要求,试飞大纲必须如期发布	按《试飞工程设计控制》要求,逐步开展试飞大纲编制工作
	试飞测试任务书编制	试飞要求未能将全部测试需求传递	按《试飞工程设计控制》要求,开展试飞测试任务书编制
	实时/预处理任务书编制	测试部门未会签	按《试飞工程设计控制》要求,实时/预处理任务书编制
	试飞风险评估单编制	试飞科目危险源识别不充分	严格按照《试飞科目安全风险管理》开展试飞风险评估单编制
	按需参与试验跟试	课题工程师未经过机上操作培训,在跟试过程中,存在人员受伤或损伤飞机的可能	熟悉"基于场景隐患识别样例",在跟试前,提前了解场景相关风险源、风险管控措施及应急预案;开展工作时按要求穿戴劳防用品
试飞数据分析	试飞架次有效性确认报告编制	试飞数据量较大,分析时间较长,试飞数据分析人员容易产生严重疲劳	按照《试飞现场关键疲劳岗位管理指南》对试飞架次有效性确认报告编制人员疲劳状态进行管控
配载设计	重量平衡计算	重量平衡表内容变更流程不明确	按《配载控制程序》开展重量平衡计算
	配载实施	实施责任人不明确	按《配载控制程序》开展配载实施工作

表 B.12　飞行仿真技术岗岗位风险识别样例

工作任务	工作步骤	危险源名称	现有风险控制措施
编制建模要求	建模需求分析	需求梳理不清晰、不全面	从基本建模需求出发,广泛征询试飞工程专业团队需求,实现模型功能的最大程度覆盖
			梳理建模需求并将需求转化为建模工程化描述,形成需求分析文档
	查阅设计资料和规章	查阅的设计资料和规章存在已有更新版本、原使用版本失效的风险	在建模要求编制时确定参考资料版本,同时保持对建模相关参考资料的查阅,方便建模要求的持续更新
	形成建模要求	建模要求编写不规范	建模要求编写遵循试飞建模规范的要求
建模系统详细设计	建模平台应用研究	建模平台选择不恰当风险	组织建模团队进行建模平台选择论证,从建模要求出发对建模平台的有效性、符合性、实用性进行综合评估
			在必要时候针对简化场景应用各建模平台搭建原型系统进行初步建模仿真对比
	系统模型接口定义	接口定义错误	各模型系统开发人员遵循试飞建模规范定义模型接口,并使用内部通信装置(ICD)管理工具进行接口规范化
	编写建模详细设计方案	建模详细设计方案不规范	建模详细设计方案编写应遵循试飞建模规范的要求
建模系统详细设计	搜集建模数据	建模数据标签错误	搭建建模数据的标准化数据库,对所有建模数据进行分类标签化,通过数据库管理建模数据,确保当前建模数据状态能得到监控
	数据预处理	数据预处理使得数据失真	通过一致性分析、仿真验证等手段检验数据预处理结果,确保数据预处理结果符合建模要求
	开发系统模型	系统模型版本混乱	搭建版本管理平台,对开发中的所有模型或软件进行版本管控,并支持开发过程文件的恢复
	系统单元测试	单元测试案例不完善	按照试飞建模规范要求编制系统单元测试案例,并在建模团队内进行交叉检验

（续表）

工作任务	工作步骤	危险源名称	现有风险控制措施
	数据预处理	数据预处理尚无标准流程	编制数据预处理流程标准文档,明确数据预处理流程
实时仿真系统集成	模型集成	违规操作试验室设备导致人员意外伤害或设备损坏	遵循《试验室安全管理规定》开展工作
	实时仿真测试	违规操作试验室设备导致人员意外伤害或设备损坏	遵循《试验室安全管理规定》开展工作

表 B. 13　空地数据协同技术岗岗位风险识别样例

工作任务	工作步骤	危险源名称	现有风险控制措施
航前支持技术准备	试飞科目分析	科目任务需求梳理不清晰、不全面	从科目所针对条款开始解读,同时仔细查阅科目大纲,确认试飞科目的目的和操作
	科目仿真与判据制订	仿真过程与试飞要求不符,导致判据制订错误	在进行仿真的过程中,邀请科目专业负责人或试飞员对整个过程进行目视审查,确保仿真过程与试飞要求一致
	判据的软件化	数据处理出现低级失误,导致判据不一致	在判据进行软件化之后,利用仿真数据进行验证,确保判据一致
地面监控	监控画面编制	监控画面与制定的判据不一致	启动排放,调整计划
	监控实施	监控人员未到场	备份人员上岗
		人员资质不满足需求	备份人员上岗
仿真结果验证	试飞数据分析	数据野值未正常处理,野值或时间戳错误导致的自动化脚本给出错误结果	每次分析前人工确认数据是否有异常
	仿真结果校验	校验流程错误	制订仿真结果校验流程文件,要求校验人员按照流程进行

表 B. 14 模拟器系统集成岗岗位风险识别样例

工作任务	工作步骤	危险源名称	现有风险控制措施
模拟器集成工作	模拟器建设项目需求分析	需求梳理不清晰、不全面	从各团队仿真需求出发,广泛征询各专业团队需求,实现模拟器功能的最大限度覆盖
			梳理模拟器需求并将需求转化为工程化描述,形成需求分析文档
	查阅设计资料和规章	查阅的设计资料和规章存在更新、失效的风险	在模拟器技术要求编制时确定参考资料版本
	形成模拟器技术要求	技术要求编写不规范	技术要求编写遵循通用文件格式
	项目招投标、确定合作供应商	采购文件、招投标文件缺失,流程不合规	依据单位采购流程开展供应商确定工作
	系统模型接口定义	接口定义错误	各硬件及模型开发及集成工作需遵循试飞模拟器接口设计规范,并使用 ICD 管理工具进行接口规范化
	模拟器调试及验收	系统功能及性能不符合设计预期	需依据模拟器技术要求评审供应商提供的详细设计方案,并依据技术要求及设计方案制订测试计划,使调试完成的模拟器符合技术预期,顺利通过设备验收
	项目归档	资料缺失、不完整	项目过程产生的正式材料由专人使用专用文件盒(电子文件夹)进行梳理,按照单位相关规定、项目合同交付要求存留相关资料,使项目最终归档资料完整
模拟器(试验室)运行维护	设备操作	电源、插座使用不规范	发布安全管理规定,进行宣贯
			试验室人员每日按点检单对试验室用电情况进行检查
	设备操作及资质管理	违规操作设备导致人员意外伤害	发布安全管理规定,进行宣贯
			危险区域粘贴警示标识
			针对新员工开展模拟器理论实操培训
			制订运行及维护人员资质管理制度并进行授权

（续表）

工作任务	工作步骤	危险源名称	现有风险控制措施
			开展试验需有试验室运维人员辅助
	设备管理	布线凌乱、物资任意堆放导致人员意外伤害、设备损坏	发布安全管理规定,进行宣贯
			试验室人员每日按点检单对试验室环境进行检查

附录 C 测试改装类安全风险识别样例

C.1 测试改装场景安全风险识别样例

测试改装场景安全风险识别样例如表 C.1 所示。

表 C.1 测试改装场景安全风险识别样例

序号	一级场景	二级场景	三级场景	危险源描述	关联任务过度接口
1	试验室	某试验室	某试验室	某试验室试验人员(传感测量设计岗、测试系统设计岗、试验验证岗、专项系统设计岗)对试验室供电机柜以及试验台架进行供电操作时,操作不当导致电源漏电、人员触电或者产生火灾	相关专业人员作业
2	试验室	某试验室		某试验室试验人员(传感测量设计岗、测试系统设计岗、试验验证岗、专项系统设计岗)进行板卡插拔操作时,引起静电,如果操作人员未采取静电防护易导致板卡损坏	相关专业人员作业
3	试验室	某试验室		搬运大件重物、设备时存在碰伤人员、设备的风险	相关专业人员作业
4	试验室	某试验室		某试验室试验人员(传感测量设计岗、测试系统设计岗、试验验证岗、专项系统设计岗)在使用电烙铁焊接线缆时,由于操作不慎造成烫伤	相关专业人员作业
5	试验室	某试验室		某试验室试验人员(传感测量设计岗、测试系统设计岗、试验验证岗、专项系统设计岗)在使用台架机柜时,开合面板夹到手或被面板尖锐部分划伤	相关专业人员作业

（续表）

序号	一级场景	二级场景	三级场景	危险源描述	关联任务过度接口
6	试验室	某试验室		某试验室试验人员（传感测量设计岗、测试系统设计岗、试验验证岗、专项系统设计岗）对压力校准高压氮气瓶进行操作时，气体泄漏导致缺氧或物体飞溅	相关专业人员作业
7	试验室	某试验室		某试验室试验人员（传感测量设计岗、测试系统设计岗、试验验证岗、专项系统设计岗）试验过程中由于试验室意外断电导致设备损坏或存储数据文件丢失	相关专业人员作业
8	飞机	机上		机上测试人员进行机上地面试验及保障飞行检查时，操作不当导致设备损坏	相关专业人员作业
9	飞机	机上		机上测试改装人员进行压力扫描阀气瓶充气时，氮气泄露或气瓶爆炸导致人员伤亡	相关专业人员作业
10	飞机	机上		飞机高电压信号测试过程中，机上测试改装人员在设备调试和安装拆除过程中操作不当，出现电击	相关专业人员作业
11	飞机	机上	机上试验	机上测试改装人员进行压力扫描阀供气单元气体压力调节时，机上没有明确的表示开关方向的标识，旋转方向不对导致设备损坏	相关专业人员作业
12	飞机	机上		机上测试改装人员进行机上地面试验以及采集通道校准时，需要将信号源以及直流电源等设备搬运进客舱，搬运过程中存在砸伤人员、砸坏飞机的风险	相关专业人员作业
13	飞机	机上		机上测试改装人员进行舵面偏度校准过程中，在舵面粘贴反光片时，存在被舵面砸伤以及从高处跌落的风险，同时需要从飞机上经过后服务门连线，将采集的数据接入地面校准系统，后服务门打开后存在从飞机客舱跌落的风险	相关专业人员作业

（续表）

序号	一级场景	二级场景	三级场景	危险源描述	关联任务过度接口
14	飞机	机上		机上测试改装人员在飞机上进行试验操作过程中误操作导致触电、被负载箱烫伤;电源线路磨损导致短路保护	相关专业人员作业
15	飞机	机上		机上测试改装人员在飞机上进行操作检查过程中由于管路泄漏、液体挥发产生化学中毒	相关专业人员作业
16	飞机	机上		机上测试改装人员在给飞机重心调配系统注水、放水过程中搬运地面储水箱时存在扭伤、砸伤风险	相关专业人员作业
17	飞机	机上		机上测试改装人员进行可收放拖锥操作、检查、维护过程中有被拖锥绞盘夹伤、拖锥手动摇动手柄打伤风险;拖锥悬挂在垂尾尾部,被大风刮起造成对飞机的损伤风险	相关专业人员作业
18	车辆	光电经纬仪	光电经纬仪使用及维护	光电经纬仪使用现场机载测试人员(专项系统设计岗)收放光电经纬仪供电线缆操作不当导致人员受伤	相关专业人员作业
19	车辆	光电经纬仪		光电经纬仪使用现场机载测试人员(专项系统设计岗)进行光电经纬仪上电,配电箱漏电导致人员受伤、设备损坏	相关专业人员作业
20	车辆	光电经纬仪		光电经纬仪使用现场机载测试人员(专项系统设计岗)搬运登舱梯等重物时,存在砸伤或腰部拉伤的风险	相关专业人员作业
21	车辆	光电经纬仪		光电经纬仪使用现场机载测试人员(专项系统设计岗)进出控制舱、转台舱或储物舱时,发生踩空或因梯子未放置牢靠,从高处跌落	相关专业人员作业
22	车辆	光电经纬仪		光电经纬仪使用现场机载测试人员(专项系统设计岗)进行方舱顶舱盖滑轨和轴承维护保养操作时,未佩戴防护用品造成人员坠落受伤	相关专业人员作业
23	车辆	光电经纬仪		光电经纬仪使用现场机载测试人员(专项系统设计岗)开启电缆舱门时,舱门有向外的弹力,需用手按压缓慢开启,否则有被弹伤的风险	相关专业人员作业

（续表）

序号	一级场景	二级场景	三级场景	危险源描述	关联任务过度接口
24	车辆	光电经纬仪		光电经纬仪使用现场机载测试人员（专项系统设计岗）打开光电经纬仪舱门时，如果外面梯子上站着人，存在碰伤人的风险	相关专业人员作业
25	车辆	光电经纬仪		光电经纬仪使用现场机载测试人员（专项系统设计岗）进行光电经纬仪转台升起和降落时，未仔细观察转台舱人员情况，造成人员受伤	相关专业人员作业
26	车辆	光电经纬仪		光电经纬仪使用现场意外断电，导致计算机文件丢失、无法启动或硬盘损坏	相关专业人员作业
27	功能性区域	指挥监控大厅	地面设备使用及维护	监控大厅内地面数据处理、遥测监控人员对机柜或设备上下电，引起触电	相关专业人员作业
28	功能性区域	指挥监控大厅		指挥大厅控制室气体灭火器被误触发，导致现场工作人员吸入灭火器喷出的气体，引起呼吸系统受损	设备架设作业
29	功能性区域	特定区域		人员操作激光发光器件时直视发光器，造成视力伤害	设备架设作业
30	功能性区域	配电间		若设备未接入 UPS，断电之后恢复供电瞬间电流过大，易造成设备损坏	设备架设作业
31	车辆	遥测车	移动遥测设备使用及维护	数据传输人员在遥测车从事保障准备、维护、调试等工作过程中，防护不当，从车顶坠落	设备架设作业
32	车辆	遥测车		在遥测车保障准备、维护、调试等工作过程中，需车顶操作人员和车内操作人员配合开展，若车内操作人员升降天线未告知车顶操作人员时，会导致天线撞击人员致其受伤	相关专业人员作业
33	车辆	遥测车		在遥测车部署过程中，数据传输人员在引接强电时防护不当，导致触电	设备架设作业
34	车辆	遥测车		遥测车使用现场，数据传输人员收放信号、供电线缆时操作不当，导致受伤	设备架设作业
35	车辆	遥测车		卫通设备天线功放功率较大，操作失误存在造成人员受伤风险	相关专业人员作业

（续表）

序号	一级场景	二级场景	三级场景	危险源描述	关联任务过度接口
36	车辆	遥测车		移动遥测站登车梯没有护栏,存在人员登车时从梯子坠落的风险;收梯子时存在人员擦、碰伤的风险	设备架设作业
37	车辆	遥测车		遥测车天线未完成收充储藏,开启天线降入舱内操作	设备架设作业
38	车辆	遥测车		在寒冷地区,未经过除雪、预热就开启遥测车天线舱顶盖,容易烧毁电机	设备架设作业
39	车辆	遥测车		遥测车舱门打开时,如果外面梯子上站着人,存在碰伤人的风险	设备架设作业
40	车辆	遥测车		遥测车工作人员进出方舱时,发生踩空,或因梯子未放置牢靠,人员从高处跌落	设备架设作业
41	车辆	遥测车		无人值守站机柜设备在高温下工作未开启空调	设备架设作业
42	车辆	遥测车		维护无人值守站天线过程中,有人通过天线控制器操控天线,误伤在天线附近作业人员	设备架设作业
43	车辆	遥测车		断电之后恢复供电瞬间电流过大,易造成设备损坏	设备架设作业
44	车辆	移动方舱	移动方舱式监控厅使用及维护	在移动方舱运行过程中,临时增加大功率设备,导致短路、负载过大进而设备损坏	相关使用人员
45	车辆	移动方舱		在移动方舱运行时,电气线路、插头、插座的绝缘层损坏导致漏电,水溅洒至带电设备导致短路	设备架设作业
46	车辆	移动方舱		在移动方舱式监控指挥厅部署过程中,数据传输人员在引接强电时防护不当,导致人员触电	相关使用人员
47	车辆	移动方舱		移动方舱式监控指挥厅使用现场,数据传输人员收放信号、供电线缆时操作不当,导致受伤	相关使用人员

(续表)

序号	一级场景	二级场景	三级场景	危险源描述	关联任务过度接口
48	车辆	移动方舱		在移动方舱式监控指挥厅部署准备阶段,数据传输及处理人员未按要求开展起重作业,导致人员受伤及设备损坏	相关专业人员作业
49	车辆	移动方舱		断电之后恢复供电瞬间电流过大,易造成设备损坏	设备架设作业
50	功能性区域	特定区域	测试改装实施	测试改装人员在高空作业、吊装作业时,人员、工具、零部件等坠落产生坠击伤害;用于高空作业的工装架上遗留器物坠落,造成对人、产品的坠击伤害;大部件起吊运输过程中坠落,造成对人、产品的坠击伤害	相关专业人员作业
51	功能性区域	特定区域		测试改装人员对大型工装移动及重物(水配重水箱、机柜、监控台、电负载系统、着色水系统)搬运过程中存在砸、压风险	相关专业人员作业
52	功能性区域	特定区域		改装实施过程中工具、零件部件、设备坠落,造成人、产品砸伤,坠落物品自身损坏	相关专业人员作业
53	功能性区域	特定区域		调胶、着色等含有机溶剂的作业对人、机造成伤害	相关专业人员作业
54	功能性区域	特定区域		供气单元充气、打压试验等工作过程中高压的气体、液体对人、产品造成伤害	相关专业人员作业
55	功能性区域	特定区域		线缆插头、线缆制作过程中电烙铁等高温器具对人、机造成伤害	相关专业人员作业
56	功能性区域	特定区域		现场改装工作中,机上环境中的机械锐角、坚硬金属物等与测试改装人员身体产生碰、擦伤害	相关专业人员作业
57	功能性区域	特定区域		零件打磨、复合材料制孔等操作过程产生粉尘对人、设备产生危害	相关专业人员作业
58	功能性区域	特定区域		飞机在进行天线、雷达等OATP试验时,电磁辐射对人造成伤害	相关专业人员作业

（续表）

序号	一级场景	二级场景	三级场景	危险源描述	关联任务过度接口
59	功能性区域	特定区域		测试改装人员被高温的测试设备（电负载箱、功率放大器、遥测发射机等）烫伤	相关专业人员作业
60	功能性区域	特定区域		零件钻、铣、磨，零组件的安装等机械加工作业过程中切屑对人、产品造成伤害；刀具、工具对人、产品造成伤害	相关专业人员作业
61	功能性区域	特定区域		照明、做线、供电检查、蓄电池维护等带电作业过程中人员触电引发伤害；短路引起设备损坏；短路电起火造成火灾	相关专业人员作业
62	飞机	起落架舱		测试改装实施过程中，测试改装人员被飞机起落架、起落架舱门夹伤	相关专业人员作业
63	飞机	飞机绕机区域		测试改装实施过程中飞机起舵面掉落，人或工具从舵面上坠落砸伤人员；液压油泄漏腐蚀工作人员皮肤、眼睛	相关专业人员作业
64	功能性区域	特定区域		在电子设备舱、APU舱、后附件舱等狭小区域开展测试改装工作期间，人员被划伤、扎伤或人员踩坏飞机产品等	相关专业人员作业
65	飞机	飞机绕机区域		工装、型架、工作梯搬运过程中人员压伤、扭伤、对飞机磕碰；升降车、"长颈鹿"等行驶时磕碰人员、飞机，人员坠落等	相关专业人员作业
66	飞机	飞机绕机区域		在垂尾、机背、平尾、机翼等飞机舱外高空区域进行高空作业、吊装作业过程中人、工具、零部件等坠落产生坠击伤害，用于高空作业的工装架上遗留器物坠落造成对人、产品的坠击伤害，高空作业车碰撞飞机	相关专业人员作业
67	试验室	某试验室	某试验室	机械改装过程中，电动工具插拔使用时发生触电、短路、电起火等不安全事件	相关专业人员作业

(续表)

序号	一级场景	二级场景	三级场景	危险源描述	关联任务过度接口
68	试验室	某试验室		机械操作过程中,使用钻床、台虎钳、砂轮机等设备致人夹伤、划伤;刀具划伤、榔头砸伤、钳子夹伤、切削料对人眼、皮肤的伤害等	相关专业人员作业
69	试验室	某试验室		机械改装过程中,丙酮、密封胶等化工品引起人员皮肤腐蚀、灼伤,化工品挥发后引起中毒	相关专业人员作业
70	试验室	某试验室		机械改装过程中,零部件、设备、工具等从操作台上掉落,砸伤人员、设备	相关专业人员作业
71	试验室	某试验室		机械改装过程中,搬运工作台、工作设备、机柜、监控台、货架等重的零部件时产生砸压、撞击、剐蹭、扭伤、拉伤等危害	相关专业人员作业
72	试验室	某试验室	某试验室	电气改装过程中,因触碰到绝缘层损坏的电线或操作不当等产生触电危害	相关专业人员作业
73	试验室	某试验室		电气改装过程中,因线缆绝缘层老化或用电操作不当短路引发起火	相关专业人员作业
74	试验室	某试验室		电气改装过程中,搬运工作台、工作设备、货架等重物时产生砸压、撞击、剐蹭、扭伤、拉伤等危害;美工刀、刀片、钳子等工具使用不当误伤工作人员	相关专业人员作业
75	试验室	某试验室		做线过程中,热风枪、电烙铁等加热设备灼伤工作人员或者产品	相关专业人员作业
76	试验室	某试验室	某试验室	电源测试试验室试验人员(传感测量设计岗、测试系统设计岗、试验验证岗、专项系统设计岗)工作过程中因触碰到绝缘层损坏的电线、用电操作不当、使用电源配电箱操作不当等产生触电危害	相关专业人员作业
77	试验室	某试验室		电源测试试验室试验人员(传感测量设计岗、测试系统设计岗、试验验证岗、专项系统设计岗)工作过程中因线缆绝缘层老化、用电操作不当引发起火	相关专业人员作业

（续表）

序号	一级场景	二级场景	三级场景	危险源描述	关联任务过度接口
78	试验室	某试验室		电源测试试验室试验人员（传感测量设计岗、测试系统设计岗、试验验证岗、专项系统设计岗）在测试过程中触碰到负载箱而产生烫伤	相关专业人员作业
79	试验室	某试验室		电源测试试验室试验人员（传感测量设计岗、测试系统设计岗、试验验证岗、专项系统设计岗）搬运工作台、工作设备、货架等重物过程中产生砸压、撞击、剐蹭、扭伤、拉伤等危害	相关专业人员作业
80	功能性区域	通导机房	数据中心机房	数据中心机房电源线破损引起人员触电	相关使用人员
81	功能性区域	通导机房		数据中心机房线缆绝缘层老化、用电操作不当引发起火	相关使用人员
82	功能性区域	通导机房		数据中心机房意外断电导致计算机无法启动或硬盘损坏	设备架设作业
83	功能性区域	行政办公区	办公区	办公区人员由于长期伏案工作导致用眼过度、颈椎或腰椎疾病	相关专业人员作业

C.2 测试改装岗位安全风险识别样例

测试改装岗位安全风险识别样例如表 C.2 所示。

表 C.2 改装实施及工艺设计岗岗位风险识别样例

工作任务	工作步骤	危险源名称	现有风险控制措施
重物搬运	重物搬运	人员扭伤、砸伤	依照《测试改装现场工作要求》开展重物搬运工作
吊装	吊装	人员扭伤、砸伤	按现场安全操作要求开展吊装工作
客舱内机械改装实施	客舱内机械改装工艺支持	头部撞击、砸伤风险	按照《测试改装现场工作要求》佩戴安全帽开展工作
		脚部砸伤、碾压风险	按防护用品穿戴要求开展工作
		噪声危害	按现场安全操作要求开展工作
		化工品危害	按测试改装现场风险控制要求开展工作

（续表）

工作任务	工作步骤	危险源名称	现有风险控制措施
客舱外机械改装实施	客舱外机械改装工艺支持	头部撞击、砸伤风险	按照《测试改装现场工作要求》佩戴安全帽开展工作
		脚部砸伤、碾压风险	按照防护用品穿戴要求开展工作
		噪声危害	按照现场安全操作要求开展工作
		化工品危害	按照测试改装现场风险控制要求开展工作
		高空坠落风险	按照测试改装现场重点工作安全控制要求开展工作
客舱内线缆敷设	客舱内敷设工艺支持	狭小空间人员刮伤或产品损伤	按照《测试改装现场工作要求》开展工作
			按照防护用品穿戴要求开展工作
			按照现场安全操作要求开展工作
			按照测试改装现场风险控制要求开展工作
			按照测试改装现场重点工作安全控制要求开展工作
客舱外线缆敷设	客舱外敷设工艺支持	头部撞击、砸伤风险	按照《测试改装现场工作要求》开展工作
		脚部砸伤、碾压风险	按照防护用品穿戴要求开展工作
		噪声危害	按照现场安全操作要求开展工作
		高空坠落风险	按照测试改装现场风险控制要求开展工作
			按照测试改装现场重点工作安全控制要求开展工作
拖锥系统航后维护	拖锥放下工艺支持	拖锥过放风险	放出时需有1人在绞盘位置处观察,1人在控制机箱处进行操作
			管路脱落或不能拉出时,应及时刹车
			红色标记漆到色彩传感器位置后如未停止,应及时刹车;标记漆容易磨损,收放时务必注意观察
			如停止时红色标记漆距离色彩传感器偏移较大,应调整使红色标记漆对准色彩传感器

（续表）

工作任务	工作步骤	危险源名称	现有风险控制措施
			如果 71 m 处白色标记漆或 71.5 m 处的蓝色标记漆被误放出越过色彩传感器,需通过手柄收回一段距离,使白色、蓝色标记漆越过色彩传感器后方可继续通过电机收回
			建议拖锥放出时飞机速度不要超过 250 kn
			放出过程如出现异常停止,需查明原因后方可继续放出可能原因:测距保护、速度保护、超时保护、色彩传感器误触发
	拖锥收回工艺支持	拖锥过收风险	收回时需有 1 人在绞盘位置处观察,1 人在控制机箱处进行操作
			管路脱落或不能收回,应及时刹车
			白色标记漆到色彩传感器位置后如未停止,应及时刹车
			标记漆容易磨损,收放时务必注意观察
			如果 0.8 m 或 1.3 m 处的蓝色标记漆被误收回越过色彩传感器,下次放出时需通过手柄放出一段距离,蓝色标记漆越过色彩传感器后方可继续通过电机放出
			正常情况建议在 200 kn 速度内收回拖锥,应急情况无限制
			收回过程如出现异常停止,需查明原因后方可继续收回可能原因:测距保护、速度保护、超时保护、色彩传感器误触发
升降车操作	乘坐升降车现场工艺支持	升降车撞伤飞机风险	严格落实《测试改装现场工作要求》,升降车采用逐步逼近飞机的方式靠近飞机
		人员被升降车碾压风险	严格落实防护用品穿戴要求,佩戴相应的劳防用品,避免伤害
		人员坠落风险	严格落实现场安全操作要求
曲臂车操作	乘坐曲臂车现场工艺支持	曲臂车撞伤飞机风险	严格落实《测试改装现场工作要求》
		人员被曲臂车碾压风险	严格落实防护用品穿戴要求
		人员坠落风险	严格落实现场安全操作要求

（续表）

工作任务	工作步骤	危险源名称	现有风险控制措施
工作梯使用	将工作梯归位并锁紧	工作梯撞伤飞机风险	严格落实《测试改装现场工作要求》，采用逐步接近飞机的方式移动工作梯
		人员被工作梯碾压风险	防护用品穿戴要求、现场安全操作要求、测试改装现场风险控制要求、测试改装现场重点工作安全控制要求

附录 D 航务工程装类安全风险识别样例

D.1 航务工程场景安全风险识别样例

航务工程场景安全风险识别样例如表 D.1 所示。

表 D.1 航务工程场景安全风险识别样例

序号	一级场景	二级场景	三级场景	危险源描述	关联任务过度接口
1	试飞工作区	机坪	机坪作业	场面监控、机场运行指挥、机务、测试、参观人员,在机场地面运行保障、观摩、现场检查及指导工作等机坪作业时,未按要求穿戴反光背心	相关专业人员作业
2	试飞工作区	机坪		机坪有飞机开发,牵引人员未按规定撤离至安全区域	相关专业人员作业
3	试飞工作区	机坪		机坪作业未及时拾取外来物损伤(FOD)	相关专业人员作业
4	试飞工作区	机坪		机坪出现标志、标识不清晰,以及机坪地面出现错台等	试飞运行
5	试飞工作区	机坪	跑道、滑行道、联络道作业	跑道、滑行道、联络道作业未按要求穿戴反光背心查及指导工作等	相关专业人员作业
6	试飞工作区	机坪		跑道、滑行道、联络道有飞机开发,牵引人员未按规定撤离至安全区域	相关专业人员作业
7	试飞工作区	机坪		跑道、滑行道、联络道等区域作业未及时拾取 FOD	相关专业人员作业
8	试飞工作区	机坪		跑道、滑行道、联络道等区域出现标志、标识不清晰,以及机坪地面出现错台,道面破损超过 12 cm 等	相关专业人员作业

（续表）

序号	一级场景	二级场景	三级场景	危险源描述	关联任务过度接口
9	试飞工作区	机坪		道面设备(灯具)损坏未及时通报机场、多余物处理	相关专业人员作业
10	试飞工作区	机坪		滑行试验开始前未进行跑道、拖机道清扫、检查	相关专业人员作业
11	试飞工作区	机坪		滑行试验开始前未进行驱鸟	相关专业人员作业
12	试飞工作区	飞行控制区	人员进出机场作业	保障人员违规进入军用机场/军民合用机场	相关专业人员作业
13	试飞工作区	飞行控制区		保障人员违规进入民航机场	相关专业人员作业
14	试飞工作区	飞行控制区		保障人员违规进入飞行区内开展工作	相关专业人员作业
15	试飞工作区	机坪	应急通信	飞行期间出现紧急情况,未及时通报值班室值班人员	相关专业人员作业
16	功能性区域	特定区域		飞行期间出现紧急情况,未及时通报机场,或机场发生应急未及时通报值班室	相关专业人员作业
17	试飞工作区	塔台	民航塔台	摄像在塔台外部拍照时,由于对周边环境观测不仔细、拍照位置不规范等原因,发生设备或人员坠落等安全问题	试飞运行
18	试飞工作区	塔台		指挥员、试飞工程师、通导人员、气象预报岗、领航管制岗及其他塔台人员不熟悉塔台设备、误碰塔台设备,导致管制员无法指挥飞机或无法及时观察飞机位置	相关使用人员
19	试飞工作区	塔台		指挥员、试飞工程师、通导人员、气象预报岗、领航管制岗及其他塔台人员随意大声喧哗扰乱塔台秩序,导致管制员漏听关键信息	相关使用人员
20	试飞工作区	塔台	军航塔台	指挥员、试飞工程师、通导人员、气象预报岗、领航管制岗及其他塔台人员不熟悉塔台设备、误碰塔台设备,导致管制员无法指挥飞机或无法及时观察飞机位置	相关使用人员

（续表）

序号	一级场景	二级场景	三级场景	危险源描述	关联任务过度接口
21	试飞工作区	塔台		指挥员、试飞工程师、通导人员、气象预报岗、领航管制岗及其他塔台人员随意大声喧哗扰乱塔台秩序，导致管制员漏听关键信息	相关使用人员
22	试飞工作区	塔台		指挥员、试飞工程师、通导人员、气象预报岗、领航管制岗及其他塔台人员违规使用手机或相机拍照，发生失泄密事件	相关使用人员
23	试飞工作区	机坪	飞行控制区	场站岗、司机、机务、测试等进场人员在实施地面试验等科目时，人员车辆进入滑行道、联络道、跑道飞行控制区前，未经塔台同意，与航空器或其他车辆发生冲突，产生危险	试飞运行
24	试飞工作区	机坪		场站岗、司机、机务、测试等进场人员在实施地面试验等科目时，人员车辆经塔台同意进入滑行道、联络道、跑道飞行控制区后，不听塔台指挥的行进路线行进，与航空器或其他车辆发生冲突，产生危险	试飞运行
25	试飞工作区	飞行控制区		飞行时飞机发生超偏出空域等情况，影响飞行安全	相关专业人员作业
26	试飞工作区	飞行控制区	空中	飞机因天气或自身原因前往备降场着陆前，未与备降机场联系	相关专业人员作业
27	试飞工作区	飞行控制区		飞机因自身原因前往备降场着陆或紧急返回本场着陆时，飞机发生本体故障等特情	相关专业人员作业
28	试飞工作区	飞行控制区	外场架设设备	外场架设临时通信监视设备时，人员爬梯作业过程中可能会发生人员扭伤、砸伤、摔伤等安全隐患	相关专业人员作业
29	试飞工作区	飞行控制区	登高作业	试飞外场通信导航监视人员进行登高作业时，爬梯无防护措施，存在人员跌落风险	相关专业人员作业
30	试飞工作区	飞行控制区	对讲机使用	外场对讲机岗位保障人员在进行滑行保障时，对讲机没电或对讲机误调频道，无法及时获取试验指令	相关专业人员作业

（续表）

序号	一级场景	二级场景	三级场景	危险源描述	关联任务过度接口
31	试飞工作区	飞行控制区	对讲机使用	对讲机长时间放在充电座上进行充电，以及在使用中遭到猛烈碰撞引起对讲机电池爆炸	相关专业人员作业
32	试飞工作区	飞行控制区	恶劣天气	在高温、寒冷、大雪、大风、暴雨时架设设备存在人员因为恶劣环境造成人员意外受伤（如中暑、冻伤、砸伤等）；恶劣环境下设备由于高温、低温、大风、暴雨天气导致设备损坏	相关专业人员作业
33	试飞工作区	飞行控制区	信号丢失	试飞监控时综合航迹信号丢失故障	试飞运行
34	试飞工作区	飞行控制区	劳动防护	日常飞行保障飞行指挥车、52S-4移动基站在进行电源强电接驳无防护，存在人员触电风险	相关专业人员作业
35	试飞工作区	飞行控制区	设备供电	各基地及外场的通信导航监视设备（甚高频、集群、内话、综合航迹、电报）供电系统意外断电，未立即恢复供电	设备架设作业
36	功能性区域	通导机房	火情	通导机房及监控室意外发生火灾	设备架设作业
37	试飞工作区	飞行控制区	设备遗失	日常使用对讲机借给外部人员，存在外部人员遗失对讲机的风险，造成其飞行保障时无对讲机可用	相关专业人员作业
38	试飞工作区	飞行控制区	恶劣天气通导设备操作	雨雪天气指挥测控车辆驾驶员上下车辆时，部分车辆驾驶室较高，脚部容易打滑	相关专业人员作业
39	功能性区域	特定区域	指挥测控车辆电瓶充电	指挥测控车辆驾驶员给车辆电瓶充电时，容易出现漏电、触电现象	车辆操作
40	车辆	车库	车辆驾驶	指挥测控车辆进出车库时由于上装设备未完全收折，与车库顶部容易发生刮蹭	车辆操作
41	车辆	车库		大雾天气驾驶指挥测控车辆时，驾驶员视线受阻	车辆操作

（续表）

序号	一级场景	二级场景	三级场景	危险源描述	关联任务过度接口
42	车辆	车库	车辆驾驶	大风天气驾驶指挥测控车辆时,如车速过快,车辆容易侧翻	车辆操作
43	车辆	车库		人员在地槽内工作时头部与车辆地盘容易发生磕碰	车辆检查及维修
44	车辆	车库	维修车库内作业	车辆进出修理车库时,轮胎容易陷入修理地槽,导致车辆侧翻	车辆检查及维修
45	车辆	车库		维修车库的车辆维修地槽高低差较高,容易造成人员跌落	车辆检查及维修
46	车辆	库房	油料储存	添加柴油时,具有腐蚀性的柴油容易对人员皮肤造成伤害	车辆检查及维修
47	车辆	车库	废弃零件摆放	修理过程中产生的废弃零件散落在地上容易对人员产生磕绊、损伤车辆轮胎	车辆检查及维修
48	特殊作业环境	大侧风	气象十米风杆	将大质量的十米风杆搬运至试验指定的架设位置过程中,易发生设备损坏,人员肌肉拉伤、扭伤甚至砸伤	相关专业人员作业
49	特殊作业环境	大侧风	气象十米风杆、自动观测站等气象设备	恶劣天气下,对气象设备进行维护和检查时,易发生人员摔伤、砸伤、冻伤、中暑等	相关专业人员作业
50	试飞工作区	飞行控制区	气象车	使用气象车采集数据过程中,人员通过气象车外部侧梯爬上车顶作业及挂梯进入设备室和监控室作业,易发生人员摔伤、骨折	相关专业人员作业
51	试飞工作区	飞行控制区	通电线路	设备使用过程中线路磨损老化,雨水进入转接头内部线路,易造成人员触电、设备短路失火等不良后果	相关专业人员作业
52	功能性区域	气象台	激光测云雷达	非气象人员尝试学习使用气象设备时,误操作使激光射向无关人员,导致其眼睛和皮肤被激光灼伤	相关专业人员作业
53	功能性区域	气象台	气象值班室	非气象人员借用气象值班室电脑工作并接入私人 U 盘等移动端口,导致气象台内部网络被病毒侵入瘫痪,数据泄露	相关专业人员作业

（续表）

序号	一级场景	二级场景	三级场景	危险源描述	关联任务过度接口
54	试飞工作区	飞行控制区	公共区域	室外台阶雨雪、室内地面存水未及时清理，导致通信导航监视人员滑倒、摔伤	相关专业人员作业
55	功能性区域	行政办公区	办公区域	室内办公区域的电源插座接入太多设备造成功率过大，或插座连接插座造成功率超标，继而发生设备过热	相关使用人员
56	功能性区域	行政办公区	办公区域	室内办公区域的可燃物与插座混放，存在漏电或设备过热而引起火灾的风险	相关使用人员
57	功能性区域	特定区域	门卫	门卫对来访人员核查和登记不严格，不能控制进场人员的资质	相关专业人员作业
58	功能性区域	行政办公区	办公区域	室内办公人员长期伏案工作易导致颈椎病、用眼过度等身体异样	相关专业人员作业
59	功能性区域	特定区域	施工区域	施工人员动用明火时操作不规范，导致人员灼伤等不良后果	相关专业人员作业
60	功能性区域	配电间	配电间	汛期配电间防汛沙袋摆放不到位，可能导致大量水进入配电间，造成配电间瘫痪或人员触电	相关专业人员作业
61	功能性区域	配电间	室外区域	过期防汛沙袋未及时进行更换，无法起到挡水的作用，使得雨水灌进安全重点场所	相关专业人员作业
62	试飞工作区	飞行控制区	试飞过程	飞行时通信导航设备出现故障或干扰，影响飞行安全	相关专业人员作业
63	试飞工作区	机坪	飞行控制区	滑行跑道道面杂物影响飞行及滑行安全	相关专业人员作业
64	试飞工作区	飞行控制区	飞行控制区	试飞保障人员试飞当天身体条件欠佳（如严重腹泻、意识不清等），无法完成保障任务	相关专业人员作业
65	功能性区域	气象台	气象值班室	气象观测场大门及观测设备未定期检查防盗措施，造成外来人员可以随意进出损坏设备或现场基建设施	相关专业人员作业
66	试飞工作区	机坪	飞行控制区	机坪作业时未正确佩戴反光标示易被车辆碰伤	相关专业人员作业

（续表）

序号	一级场景	二级场景	三级场景	危险源描述	关联任务过度接口
67	试飞工作区	机坪	飞行控制区	地面试验时人员未站在限制区域外，被试验器材、车辆或航空器碰伤	相关专业人员作业
68	试飞工作区	机库	机库	开关机库大门时人员未站在安全区域内，被机库大门碰伤	相关专业人员作业
69	试飞工作区	机库	机库	机库地板有水未及时清理或未设置警示标志，导致人员滑倒摔伤	相关专业人员作业
70	试飞工作区	机坪	飞行控制区	现场工作梯损坏未及时维修，导致人员摔伤	相关专业人员作业
71	试飞工作区	机坪	飞行控制区	现场工作梯未锁上，工作梯滑动碰伤其他人员或导致梯上工作人员摔伤	相关专业人员作业
72	试飞工作区	飞行控制区	外场	跟试作业作息不规律，人员需要随时待命，导致身体和心理状况欠佳	相关专业人员作业

D.2　航务工程岗位安全风险识别样例

航务工程各岗位安全风险识别样例如表 D.2～表 D.12 所示。

表 D.2　场面监控岗岗位安全风险识别样例

工作任务	工作步骤	危险源名称	现有风险控制措施
航前准备	飞行计划接收	信息传达不畅	按照《场站飞行保障程序》，开展飞行计划接收
	机场计划申报	未及时通知机场航空公司运行中心（AOC）、地面服务等保障部门次日飞行计划	按照《场站飞行保障程序》，开展机场计划申报
	飞行计划编制	飞行计划编制内容存在错误	按照科室分工飞行计划进行编制及复核，复核内容包括飞行计划关键要素、错别字、报文等
	临时事项协调	临时协调机场信息无果影响飞行工作进展	按照《场站飞行保障程序》，及时推动临时事项协调

（续表）

工作任务	工作步骤	危险源名称	现有风险控制措施
预先准备	巡场（浦东/特殊任务）	机场围界未开启	按照《场站飞行保障程序》，提前沟通推动机场围界开启
		道面存在 FOD，并未及时处理	保持信息沟通通畅
		无法处理的 FOD 未及时通报机场和汇报指挥员	发现安全隐患或未落实工作，及时向相应岗位进行汇报
	试飞任务协同	未参加或任务协同不彻底，对任务内容理解不充分	按照程序/试飞组织安全部门要求，及时参加任务协同，并参与深度讨论
	飞行前一日机场信息确认	机场资源未确认导致影响次日飞行任务	按照《场站飞行保障程序》，及时确认机场资源
			及时向机场确认保障资源需求和状态，确保案件、车辆等能正常保障任务，如遇特殊情况能够及时反馈
	进场组织	车辆、人员未按照规定路线、速度行驶	严格按照联合保障手册开展人员移动、车辆驾驶等
飞行保障	滑行期间驱鸟保障	未经航管同意进入跑道开展驱鸟工作	按照《场站飞行保障程序》，明确在航管同意后方进入跑道开展驱鸟工作
			进出跑道、滑行道区域严格听指挥，令行禁止
	应急协调	未及时将应急情况反馈至机场、指挥员、领导等	按照《场站飞行保障程序》，及时将应急情况反馈至机场、指挥员、领导等
			确保信息沟通畅通
			作为单位和机场的桥梁，及时将双方的安全信息反馈至各相关单位及领导
			做好应急协调记录
	滑行结束后撤场组织	车辆、人员未按照规定路线、速度行驶	按照《场站飞行保障程序》，开展人员移动、车辆驾驶等
			严格按照某机场联合保障手册规定的路线、速度行驶

（续表）

工作任务	工作步骤	危险源名称	现有风险控制措施
			撤场过程动态及时向相关岗位通报
			保持信息沟通通畅
			发现安全隐患或未落实工作后，及时向相关岗位进行汇报
航后讲评	机场信息通报	未及时通知机场关闭机场围界等信息	时刻保持与机场沟通通畅，并保持电话和应急联络电话畅通
			及时向机场通报进展，并记录/录音
	航后讲评意见落实	未落实参会要求	按照《场站飞行保障程序》要求形成会议讲评记录

表 D. 3　机场运行工程岗岗位安全风险识别样例

工作任务	工作步骤	危险源名称	现有风险控制措施
航前准备	飞行计划接收	信息传达不畅	按照《场站飞行保障程序》，开展飞行计划接收
	机场计划申报	未及时通知机场 AOC、地面服务等保障部门次日飞行计划	按照《场站飞行保障程序》，开展机场计划申报
	飞行计划编制	飞行计划编制内容存在错误	按照《场站飞行保障程序》要求，及科室分工飞行计划进行编制及复核，复核内容包括飞行计划关键要素、错别字、报文等
	临时事项协调	临时协调机场信息无果影响飞行工作进展	按照《场站飞行保障程序》
			及时向现场领导进行汇报或提出建议措施
预先准备	巡场（浦东/特殊任务）	机场围界未开启	按照《场站飞行保障程序》及时沟通确保机场围界开启
		道面存在 FOD，并未及时处理	保持信息沟通通畅
		无法处理的 FOD 未及时通报机场和汇报指挥员	发现安全隐患或未落实工作，及时向相关岗位进行汇报

（续表）

工作任务	工作步骤	危险源名称	现有风险控制措施
	试飞任务协同	未参加或任务协同不彻底,对任务内容理解不充分	按照程序/试飞组织安全部门要求,及时参加任务协同,并参与深度讨论
	飞行前一日机场信息确认	机场资源未确认,导致保障未跟上	按照《场站飞行保障程序》确保机场资源保障到位
			及时向机场确认保障资源需求和状态,确保案件、车辆等能正常保障任务,如遇特殊情况能够及时反馈
	进场组织(浦东)	车辆、人员未按照规定路线、规定速度行驶	严格按照联合保障手册,要求车辆、人员照规定路线、速度行驶
飞行保障	滑行期间驱鸟保障	未经航管同意进入跑道开展驱鸟工作	进出跑道、滑行道区域严格听指挥,令行禁止
	应急协调	未及时将应急情况反馈至机场、指挥员、领导等	确保信息沟通畅通
			及时将双方的安全信息反馈至各相关单位及领导
			做好应急协调记录
	滑行结束后撤场组织	车辆、人员未按照规定路线、速度行驶	严格按照机场联合保障手册规定的路线、速度行驶
			撤场过程动态及时向相关岗位通报
	特殊试验科目飞行前巡场	特殊试验科目需要上跑道,撤离时未巡场,致使道面存在 FOD,并未及时发现处理,或发现无法处理的 FOD 未及时通报机场和向指挥员汇报	保持信息沟通通畅
			发现安全隐患或未落实工作,及时向相关岗位进行汇报
			如需机场协助处理工作,务必及时向机场反馈
			确实影响飞行、滑行安排的,及时向领导和指挥员进行汇报
航后讲评	机场信息通报	未及时通知机场关闭机场围界等信息	时刻保持与机场的沟通通畅,并保持电话和应急联络电话畅通
			及时向机场通报进展,并记录/录音
	航后讲评意见落实	未落实参会要求	按照《场站飞行保障程序》要求形成会议讲评记录

表 D.4 领航管制岗岗位安全风险识别样例

工作任务	工作步骤	危险源名称	现有风险控制措施
预先准备——飞机计划编制及申报	飞行计划编制	飞行计划编制不及时	依据《航务飞行保障程序》《航管飞行保障程序》，开展飞行计划编制
	飞行计划编制	飞行计划编制内容存在错误	科室分工飞行计划进行编制及复核，复核内容包括飞行计划关键要素、错别字、报文等
	机场计划申报	未及时通知军、民航相关单位次日飞行计划/转场保障计划	按《航务飞行保障程序》《航管飞行保障程序》，及时通知军、民航相关单位次日飞行计划/转场保障计划
	机场计划申报	漏报单位	按照《航管飞行保障程序》对申报单位逐一进行确认
	临时事项协调	临时协调空域信息无果，影响飞行工作进展	按照程序做好工作记录
			及时向现场领导进行汇报或提出建议措施
航前准备	飞行日计划接收	信息传达不畅	按《航务飞行保障程序》《航管飞行保障程序》及时传递相关信息
	飞行前一日空域信息确认	受军队、民航任务影响，飞行使用空域受限制	将相关信息反馈至试飞组织安全部门及型号/架机分管领导继续决策
	试飞任务协同	未参加或任务协同不彻底，对任务内容理解不充分	按照《航管飞行保障程序》开展试飞任务协同
	航前准备汇报材料编制	飞行计划编制内容存在错误	按照《航管飞行保障程序》开展航前准备汇报材料编制
			科室分工飞行计划进行编制及复核，复核内容包括飞行计划关键要素、错别字、报文等
	放飞确认单签署	放飞确认单存在错误或未签署	严格按照《航务飞行保障程序》《航管飞行保障程序》做好放飞确认单签署工作
	航前准备会会上汇报	会上汇报不准确、不清晰	按《航管飞行保障程序》填写汇报单，并逐项进行汇报
飞行保障	外场飞行保障	因人员疲劳造成保障失误	增加保障人员，确保每架机都有专人负责

（续表）

工作任务	工作步骤	危险源名称	现有风险控制措施
			确保每人保障时间恰当,避免因为保障时间过长而产生人为疲劳因素导致的保障问题
	滑行保障	因人员疲劳造成高空滑落	加强安全教育,避免高空滑落
			避免疲劳保障,确保每人休息时间
	起飞时刻申请	申请起飞时刻受军、民航影响,起飞时刻不受理或推迟	将相关信息及时反馈至指挥员、试飞组织安全部门、架机/型号分管领导
	空域状态跟踪	未及时掌握异常空域信息	与军、民航时刻保持通信畅通,发现问题及时反馈指挥员、试飞组织安全部门
	特殊情况处置	未能掌握应急处置办法	深入培训应急处置流程,针对不同的任务处置及时准确地向民航管制给出建议
航后讲评	航后讲评会	航后讲评会提出的意见或建议未及时落实	按照《场站飞行保障程序》要求形成会议讲评记录
			及时反馈落实信息
	飞行信息通报	未及时通知军、民航单位飞行结束信息	按照《场站飞行保障程序》要求形成会议讲评记录
			时刻保持与机场的沟通通畅,并保持电话和应急联络电话畅通
			及时向军、民航单位通报进展

表 D.5　航行签派员岗位安全风险识别样例

工作任务	工作步骤	危险源名称	现有风险控制措施
预先准备——飞机计划编制及申报	飞行计划编制	飞行计划编制不及时	依据《航务飞行保障程序》《航管飞行保障程序》,开展飞行计划编制
	飞行计划编制	飞行计划编制内容存在错误	科室分工飞行计划进行编制及复核,复核内容包括飞行计划关键要素、错别字、报文等
	机场计划申报	未及时通知军、民航相关单位次日飞行计划/转场保障计划	按《航务飞行保障程序》《航管飞行保障程序》,及时通知军、民航相关单位次日飞行计划/转场保障计划

（续表）

工作任务	工作步骤	危险源名称	现有风险控制措施
航前准备	机场计划申报	漏报单位	按照《航管飞行保障程序》对申报单位逐一进行确认
	临时事项协调	临时协调空域信息无果，影响飞行工作进展	按照程序做好工作记录
			及时向现场领导进行汇报或提出建议措施
	飞行日计划接收	信息传达不畅	按《航务飞行保障程序》《航管飞行保障程序》及时传递相关信息
	飞行前一日空域信息确认	受军队、民航任务影响飞行使用空域受限制	将相关信息反馈至试飞组织安全部门及型号/架机分管领导继续决策
	试飞任务协同	未参加或任务协同不彻底，对任务内容理解不充分	按照《航管飞行保障程序》开展试飞任务协同
	航前准备汇报材料编制	飞行计划编制内容存在错误	按照《航管飞行保障程序》开展航前准备汇报材料编制
			科室分工飞行计划进行编制及复核，复核内容包括飞行计划关键要素、错别字、报文等
	放飞确认单签署	放飞确认单存在错误或未签署	严格按照《航务飞行保障程序》《航管飞行保障程序》做好放飞确认单签署工作
	航前准备会会上汇报	会上汇报不准确、不清晰	按《航管飞行保障程序》填写汇报单，并逐项进行汇报
飞行保障	外场飞行保障	因疲劳造成保障失误	增加保障人员，确保每架机都有专人负责
			确保每人保障时间恰当，避免因为保障时间过长而产生人为疲劳因素导致的保障问题
	滑行保障	因疲劳保障，造成高空滑落	加强安全教育，避免高空滑落
			避免疲劳保障，确保每人休息时间
	起飞时刻申请	受军、民航影响，申请的起飞时刻不受理或推迟	将相关信息及时反馈至指挥员、试飞组织安全部门、架机/型号分管领导

（续表）

工作任务	工作步骤	危险源名称	现有风险控制措施
			与军、民航时刻保持通信畅通，发现问题及时反馈指挥员、试飞组织安全部门
	空域状态跟踪	未及时掌握异常空域信息	深入培训应急处置流程，针对不同的任务处置及时准确地向民航管制给出建议
	特殊情况处置	未能掌握应急处置办法	按照《场站飞行保障程序》要求形成会议讲评记录
航后讲评	航后讲评会	航后讲评会提出的意见或建议未及时落实	及时反馈落实信息
			按照《场站飞行保障程序》要求形成会议讲评记录
	飞行信息通报	未及时通知军、民航单位飞行结束信息	时刻保持与机场的沟通通畅，并保持电话和应急联络电话畅通
			及时向军、民航单位通报进展

表 D.6　航行情报员岗位安全风险识别样例

工作任务	工作步骤	危险源名称	现有风险控制措施
预先准备——飞机计划编制及申报	飞行计划编制	飞行计划编制不及时	依据《航务飞行保障程序》《航管飞行保障程序》，开展飞行计划编制
	飞行计划编制	飞行计划编制内容存在错误	按照《航管飞行保障程序》，逐步开展飞行计划编制工作
			科室分工飞行计划进行编制及复核，复核内容包括飞行计划关键要素、错别字、报文等
	机场计划申报	未及时通知军、民航相关单位次日飞行计划/转场保障计划	按照《航务飞行保障程序》《航管飞行保障程序》开展机场计划申报
	机场计划申报	漏报单位	按照《航管飞行保障程序》，逐一确认机场计划申报单位
	临时事项协调	临时协调空域信息无果影响飞行工作进展	按照程序做好工作记录
			及时向现场领导进行汇报，或提出建议措施

（续表）

工作任务	工作步骤	危险源名称	现有风险控制措施
航前准备	飞行日计划接收	信息传达不畅	依据《航务飞行保障程序》《航管飞行保障程序》，做好飞行日计划接收工作
	飞行前一日空域信息确认	受军队、民航任务影响飞行使用空域受限制	将相关信息反馈至试飞组织安全管理部门及型号/架机分管领导继续决策
	试飞任务协同	未参加或任务协同不彻底，对任务内容理解不充分	按照《航管飞行保障程序》，及时参加试飞任务协同工作
	航前准备汇报材料编制	飞行计划编制内容存在错误	按照《航管飞行保障程序》，科室分工飞行计划进行编制及复核，复核内容包括飞行计划关键要素、错别字、报文等
	放飞确认单签署	放飞确认单存在错误或未签署	严格按照《航务飞行保障程序》《航管飞行保障程序》，逐一确认放飞确认单内容
	航前准备会会上汇报	会上汇报不准确、不清晰	严格按照《航管飞行保障程序》，在航前准备会逐项进行汇报
飞行保障	外场飞行保障	因人员疲劳造成保障失误	增加保障人员，确保每架机都有专人负责
			确保每人保障时间恰当，避免因为保障时间过长而产生人为疲劳因素导致的保障问题
	滑行保障	因人员疲劳造成高空滑落	加强安全教育，避免高空滑落
			避免疲劳保障，确保每人休息时间
	起飞时刻申请	受军、民航影响，申请的起飞时刻不受理或推迟	按《航管飞行保障程序》，将相关信息及时反馈至指挥员、试飞组织安全管理部门、架机/型号分管领导
	空域状态跟踪	未及时掌握异常空域信息	与军、民航时刻保持通信畅通，发现问题及时反馈指挥员、试飞组织安全部门
	特殊情况处置	未能掌握应急处置办法	深入培训应急处置流程，针对不同的任务处置及时准确地向民航管制给出建议

（续表）

工作任务	工作步骤	危险源名称	现有风险控制措施
航后讲评	航后讲评会	航后讲评会提出的意见或建议未及时落实	按《航管飞行保障程序》，及时反馈落实信息
	飞行信息通报	未及时通知军、民航单位飞行结束信息	时刻保持与机场的沟通通畅，并保持电话和应急联络电话畅通
			及时向军、民航单位通报进展

表 D. 7　航务管理岗岗位安全风险识别样例

工作任务	工作步骤	危险源名称	现有风险控制措施
预先准备——飞机计划编制及申报	飞行计划编制	飞行计划编制不及时	按《航务飞行保障程序》《航管飞行保障程序》，开展飞行计划编制工作
	飞行计划编制	飞行计划编制内容存在错误	按照《航管飞行保障程序》科室分工飞行计划进行编制及复核，复核内容包括飞行计划关键要素、错别字、报文等
	机场计划申报	未及时通知军、民航相关单位次日飞行计划/转场保障计划	按照《航务飞行保障程序》《航管飞行保障程序》开展机场计划申报
	机场计划申报	漏报单位	按照《航管飞行保障程序》，逐一确认机场计划申报单位
	临时事项协调	临时协调空域信息无果，影响飞行工作进展	按照程序做好工作记录
			及时向现场领导进行汇报或提出建议措施
航前准备	飞行日计划接收	信息传达不畅	依据《航务飞行保障程序》《航管飞行保障程序》，做好飞行日计划接收工作
	飞行前一日空域信息确认	受军队、民航任务影响，飞行使用空域受限制	将相关信息反馈至试飞组织安全部门及型号/架机分管领导继续决策
	试飞任务协同	未参加或任务协同不彻底，对任务内容理解不充分	按照《航管飞行保障程序》，及时参加试飞任务协同工作

（续表）

工作任务	工作步骤	危险源名称	现有风险控制措施
	航前准备汇报材料编制	飞行计划编制内容存在错误	按照《航管飞行保障程序》科室分工飞行计划进行编制及复核，复核内容包括飞行计划关键要素、错别字、报文等
	放飞确认单签署	放飞确认单存在错误或未签署	严格按照《航务飞行保障程序》《航管飞行保障程序》，逐一确认放飞确认单内容
	航前准备会会上汇报	会上汇报不准确、不清晰	严格按照《航管飞行保障程序》，在航前准备会逐项进行汇报
飞行保障	外场飞行保障	因人员疲劳造成保障失误	增加保障人员，确保每架机都有专人负责
			确保每人保障时间恰当，避免因为保障时间过长而产生人为疲劳因素导致的保障问题
	滑行保障	因人员疲劳造成高空滑落	加强安全教育，避免高空滑落
			避免疲劳保障，确保每人休息时间
	起飞时刻申请	受军、民航影响，申请的起飞时刻不受理或推迟	将相关信息及时反馈至指挥员、试飞组织安全管理部门、架机/型号分管领导
	空域状态跟踪	未及时掌握异常空域信息	与军、民航时刻保持通信畅通，发现问题及时反馈指挥员、试飞组织安全管理部门
	特殊情况处置	未能掌握应急处置办法	深入培训应急处置流程，针对不同的任务处置及时准确地向民航管制给出建议
航后讲评	航后讲评会	航后讲评会提出的意见或建议未及时落实	及时反馈落实信息
	飞行信息通报	未及时通知军、民航单位飞行结束信息	时刻保持与机场的沟通通畅，并保持电话和应急联络电话畅通
			及时向军、民航单位通报进展

表 D. 8　资源管理岗岗位安全风险识别样例

工作任务	工作步骤	危险源名称	现有风险控制措施
航前准备	飞行计划接收	信息传达不畅	按《航务飞行保障程序》《航管飞行保障程序》，开展飞行计划编制工作
	机场计划申报	未及时通知机场 AOC、地面服务等保障部门次日飞行计划	按照《航务飞行保障程序》《航管飞行保障程序》开展机场计划申报
	临时事项协调	临时协调机场信息无果，影响飞行工作进展	按照《场站飞行保障程序》及时向现场领导进行汇报或提出建议措施
预先准备	巡场	机场围界未开启	保持信息沟通通畅
	进场组织	车辆、人员未按照规定路线、速度行驶	严格按照机场联合保障手册规定的路线、速度行驶，并带好人员、车辆证件，以备查验
飞行保障	滑行期间驱鸟保障	未经航管同意进入跑道开展驱鸟工作	进出跑道、滑行道区域严格听指挥，令行禁止
	应急协调	未及时将应急情况反馈至机场、指挥员、领导等	确保信息沟通畅通
			及时将机场和试飞方的安全信息反馈至各相关单位及领导
			做好应急协调记录
	滑行结束后撤场组织	车辆、人员未按照规定路线、速度行驶	严格按照机场联合保障手册规定的路线、速度行驶
			撤场过程、动态及时向相关岗位通报
航后讲评	机场信息通报	未及时通知机场关闭机场围界等信息	时刻保持与机场的沟通通畅，并保持电话和应急联络电话畅通
			及时向机场通报进展，并记录/录音
	航后讲评意见落实	未落实参会要求	按需参加航后讲评会，并进行会议行动项进行记录和落实

表 D.9　决策预报岗岗位安全风险识别样例

工作任务	工作步骤	危险源名称	现有风险控制措施
航前准备	组织天气会商,审核把关会商记录	天气预报结论易受个人主观判断影响	按《气象飞行保障程序》,组织天气会商,审核把关会商记录
	对次日飞行进行天气提示和预警	天气预警信号无法有效传递	在发布的气象预报产品中对边缘气象要素做标红强调处理
			预计到有影响飞行的天气发生时,通过电话等途径向部门领导及运控进行天气通报、提醒
			通过公众号进行预警信息发布
直接准备	确认放飞	边缘气象条件	了解试飞科目风险程度(低/中/高)
			组织台内会商对天气形势变化进行讨论
			综合试飞科目风险程度和天气形势变化做出判断(飞行/不建议飞行)
	直接准备会前提供当日预报单及飞行资料	在制作预报单时,本场、备降场、航路或空域不满足放飞气象条件	按《气象飞行保障程序》,联系航行管制,筛选满足要求的试飞空域及备降场,向管理部门领导及飞行组织现场领导及时汇报天气,结合天气建议推迟或取消飞行计划
飞行保障	气象情况监控	预判到危险天气	影响程度较小时,提醒指挥员和值班领导
			影响程度较大时,组织商定安全保障建议,并向指挥员和值班领导发出预警,给出后续任务建议
航后讲评	根据空中气象数据进行复盘并改进预报方法	机组反馈的空中天气变化无法直观传递,预报员无法对预报方法进行改进	按气象台内要求向机组提供《空中气象情况记录单》,航后收集并进行复盘,改进天气预报方法
日常业务工作	审核把关天气预报产品	审核天气预报易疏忽、遗漏	按气象台内要求和《气象飞行保障程序》审核

表 D.10　　短临监控岗岗位安全风险识别样例

工作任务	工作步骤	危险源名称	现有风险控制措施
航前准备	制作天气预报	最新天气形势与此前结论有较大改变	按《气象飞行保障程序》，结合最新天气形势，及时更新天气预报
直接准备	发布短时临近预报产品	直接准备阶段，发生未预计到的影响试飞实施的天气（如雷暴，低云，低能见度等）	立即提醒主班组织天气会商
			发布短临预报，并持续跟踪天气变化
			向部门领导及飞行组织现场领导及时汇报天气，结合天气建议推迟或取消飞行计划
	确认放飞	边缘气象条件	了解试飞科目风险程度（低/中/高）
			组织台内会商对天气形势变化进行讨论
			综合试飞科目风险程度和天气形势变化做出判断（飞行/不建议飞行）
飞行保障	气象情况监控	预判到危险天气	影响程度较小时，提醒指挥员和值班领导
			影响程度较大时，组织商定安全保障建议，并向指挥员和值班领导发出预警，给出后续任务建议
航后讲评	根据空中气象数据进行复盘并改进预报方法	机组反馈的空中天气变化无法直观传递，预报员无法对预报方法进行改进	按气象台内要求向机组提供《空中气象情况记录单》，航后收集并进行复盘，改进天气预报方法
日常业务工作	针对重要天气过程及保障案例进行复盘	未及时总结经验教训，下次遇到类似的天气过程无法举一反三，保障试飞安全	按气象台内要求对重要天气过程进行总结，并在科室内定期组织保障案例回顾，开展复杂天气复盘；针对重要的天气过程资料进行整理归档，形成资料库

表 D.11　　区域预报岗岗位安全风险识别样例

工作任务	工作步骤	危险源名称	现有风险控制措施
航前准备	制作天气预报	最新天气形势与此前结论有较大改变	按《气象飞行保障程序》，结合最新天气形势，及时更新天气预报
直接准备	确认放飞	边缘气象条件	了解试飞科目风险程度（低/中/高）

（续表）

工作任务	工作步骤	危险源名称	现有风险控制措施
			组织台内会商对天气形势变化进行讨论
			综合试飞科目风险程度和天气形势变化做出判断(飞行/不建议飞行)
飞行保障	气象情况监控	预判到危险天气	影响程度较小时,提醒指挥员和值班领导
			影响程度较大时,组织商定安全保障建议,并向指挥员和值班领导发出预警,给出后续任务建议
航后讲评	根据空中气象数据进行复盘并改进预报方法	机组反馈的空中天气变化无法直观传递,预报员无法对预报方法进行改进	按气象台内要求向机组提供《空中气象情况记录单》,航后收集并进行复盘,改进天气预报方法
日常业务工作	制作中长期、航路预报	具体航路点位置的差异影响航路预报的准确性	向航管专业索取准确的航路经纬度坐标点
			制作航路矢量图,并叠加进预报制作软件
			根据航路图制作预报产品
	研究与预测外场试飞任务气象窗口期,完成机场选址	上游部门需求输入不明确或极易发生变更,影响试飞决策	加强与设计、课题等上游专业针对科目具体需求的研讨,结合气候实际变化规律,得到明确输入需求
			根据输入需求制定科学的统计研究方法
			对国内机场进行筛选统计,完成外场试飞科目实施机场选址
	开展机场可飞天分析与评估	可飞天统计标准不统一,因人而异	与上游专业明确试飞科目是否有特殊的气象需求
			指派专人负责不同机场可飞天统计工作,统一可飞天统计标准
			制定科学的统计方法得到可飞天数据

表 D.12　气象技术开发岗岗位安全风险识别样例

工作任务	工作步骤	危险源名称	现有风险控制措施
航前准备	制作天气预报	最新天气形势与此前结论有较大改变	按《气象飞行保障程序》,结合最新天气形势,及时更新天气预报
直接准备	确认放飞	边缘气象条件	了解试飞科目风险程度(低/中/高)
			组织台内会商对天气形势变化进行讨论
			综合试飞科目风险程度和天气形势变化做出判断(飞行/不建议飞行)
飞行保障	气象情况监控	预判到危险天气	影响程度较小时,提醒指挥员和值班领导
			影响程度较大时,组织商定安全保障建议,并向指挥员和值班领导发出预警,给出后续任务建议
航后讲评	根据空中气象数据进行复盘并改进预报方法	机组反馈的空中天气变化无法直观传递,预报员无法对预报方法进行改进	按气象台内要求向机组提供《空中气象情况记录单》,航后收集并进行复盘,改进天气预报方法
日常业务工作	气象数值模式产品研发工作	产品开发和实际业务需求不匹配	定期跟班实习预报岗位,根据实际业务需求,针对性地开发产品
			定期在台内开展产品试用,征求一线人员意见对模式产品进行设计优化
			定期开展同行业调研,加强研发能力

附录 E 试飞保障类安全风险识别样例

E.1 试飞保障场景安全风险识别样例

试飞保障场景安全风险识别样例如表 E.1 所示。

表 E.1 试飞保障场景安全风险识别样例

序号	一级场景	二级场景	三级场景	危险源描述	关联任务过度接口
1	试飞工作区	飞行控制区	试飞现场	餐食供应商提供的餐食不卫生	相关专业人员作业
2	试飞工作区	飞行控制区		提供了易过敏、油腻或其他不易消化的食物和容易变质的食品	相关专业人员作业
3	功能性区域	特定区域	住宿酒店	外场人员住宿酒店发生火灾	外场运行及保障人员
4	试飞工作区	飞行控制区	试飞现场	生产保障交通安全风险	外场保障人员
5	试飞工作区	飞行控制区	试飞现场	保障人员自身安全风险	外场运行及保障人员
6	功能性区域	特定区域	资产维修	资产失修或维护不到位,可能造成资产效能低下或资产损失	相关专业人员作业
7	功能性区域	特定区域	资产维修	资产维修时,待维修设备中存有涉密信息,可能导致失泄密发生	相关专业人员作业
8	功能性区域	库房	各地化学品库房/区、验收间/区	化学品管理与操作时,人员操作培训不到位,未取得上岗资质,可能导致人员受伤	相关专业人员作业
9	功能性区域	库房		人员未正确穿戴防护用品,可能导致人员受伤	相关专业人员作业

（续表）

序号	一级场景	二级场景	三级场景	危险源描述	关联任务过度接口
10	功能性区域	库房		人员未按产品说明书等规定操作，导致化学品泄漏，人员受伤，甚至引发火灾	相关专业人员作业
11	功能性区域	库房		人员未执行"进库房先通风"的要求，引发中毒	相关专业人员作业
12	功能性区域	库房		人员专业辨别能力有限，未及时识别出危化品，导致受伤	相关专业人员作业
13	功能性区域	库房		未按规定做好化学品分类存放、定期检查、定期处理，导致人员受伤	相关专业人员作业
14	功能性区域	库房	工具间	激光打标机和库房管理不严，出现非专业人员私自操作设备，导致激光打标机损坏、人员受伤	相关专业人员作业
15	功能性区域	库房		未按规定对操作人员开展操作培训和资质授权，导致激光打标机损坏、人员受伤	相关专业人员作业
16	功能性区域	库房		操作人员未按规定穿戴防护用品，未按流程开展设备操作，导致激光打标机损坏、人员受伤	相关专业人员作业
17	功能性区域	库房	各地库房	库房资源有限，货架摆放紧凑，导致设备摔下货架，继而损坏	相关专业人员作业
18	功能性区域	库房		人员责任心不强，安全意识淡薄，导致设备损坏，人员受伤，甚至引发火灾	相关专业人员作业
19	功能性区域	库房		库房门不具备防夹功能，关闭力度较大，导致人员被夹伤	相关专业人员作业
20	功能性区域	库房		部分人员不遵守管理规定在库房吸烟，引发火灾	相关专业人员作业
21	功能性区域	库房		库房电器设备老化，未按库房规定在库房内使用明火等引发火灾	相关专业人员作业

（续表）

序号	一级场景	二级场景	三级场景	危险源描述	关联任务过度接口
22	功能性区域	库房		人员长期进行物资搬移、上架、下架等容易出现腰椎损伤等身体损伤	相关专业人员作业
23	功能性区域	库房		静电容易导致传感器等精密设备损坏	相关专业人员作业
24	功能性区域	库房	各地库房	物资转运、转移时，作业准备不齐全，导致设备损坏，人员受伤	相关专业人员作业
25	功能性区域	库房		未按要求穿戴劳防用品，导致设备损坏，人员受伤	相关专业人员作业
26	功能性区域	库房		自我保护与设备保护专业知识不全，导致设备损坏，人员受伤	相关专业人员作业
27	功能性区域	配电间		蓄电池维护时，未按规定对操作人员开展操作培训和资质授权，导致设备受损、人员受伤等不安全事件	相关专业人员作业
28	功能性区域	配电间	充放电间	未按操作流程开展维护，导致蓄电池充放电设备、蓄电池损坏，人员受伤	相关专业人员作业
29	功能性区域	配电间		蓄电池充放电间通风不良，充放电产生的氢气和氧气可能爆燃，导致人员受损、设备损坏	相关专业人员作业
30	功能性区域	配电间		蓄电池充放电期间温湿度不满足要求，可能导致蓄电池容量降低，使用寿命降低	相关专业人员作业
31	功能性区域	行政办公区		办公室工作时，设备线缆破损、老化，导致设备损坏，人员触电，甚至引发火灾	相关专业人员作业
32	功能性区域	行政办公区	办公场所	设备未定期检查，发热严重，可能引发火灾	相关专业人员作业
33	功能性区域	行政办公区		人员办公长期姿势不正确导致职业病	相关使用人员
34	功能性区域	行政办公区		人员被地面插座、插座线缆绊倒摔伤	相关使用人员

（续表）

序号	一级场景	二级场景	三级场景	危险源描述	关联任务过度接口
35	功能性区域	行政办公区		人员踩到地面水渍,滑倒摔伤	相关使用人员
36	功能性区域	行政办公区		人员不规范用电导致触电,甚至引发火灾	相关使用人员
37	功能性区域	行政办公区		人员下班未关闭设备,设备长期工作,发热严重,引发火灾	相关使用人员
38	功能性区域	机坪控制区	N/A	人员酒后驾驶导致交通事故	相关使用人员
39	功能性区域	机坪控制区		人员疲劳驾驶导致交通事故	相关使用人员
40	功能性区域	行政办公区	办公区域	电源插座插入太多设备造成功率过大或插座连接插座造成功率超标,易造成设备过热	相关使用人员
41	功能性区域	行政办公区	办公区域	可燃物与插座混放存在漏电或设备过热而引起火灾等	相关使用人员
42	功能性区域	特定区域	门卫	对于来访人员核查和登记不严格,不能控制进场人员的资质	相关专业人员作业
43	功能性区域	行政办公区	办公区域	长期伏案工作易造成颈椎病,用眼过度等身体异样	相关使用人员
44	车辆	员工班车	班车	坐班车不系安全带可能导致人员受伤	相关使用人员
45	车辆	员工班车		在行驶的班车上行走可能导致人员受伤	车辆行驶
46	车辆	员工班车		班车行驶速度过快可能导致发生交通事故,车内人员受伤	车辆行驶
47	车辆	员工班车		车辆维护不当可能发生刹车失灵等问题进而导致交通事故	车辆检查及维修
48	车辆	员工班车		司机带病出车可能导致发生交通事故	相关专业人员作业
49	车辆	员工班车		司机开车接打电话注意力降低,引发交通事故	相关专业人员作业

（续表）

序号	一级场景	二级场景	三级场景	危险源描述	关联任务过度接口
50	车辆	员工班车		司机与乘客聊天开车注意力降低，引发交通事故	相关专业人员作业
51	功能性区域	特定区域	食堂区域	食物存放方法不当天气炎热食物容易变质造成员工食物中毒	相关专业人员作业
52	功能性区域	特定区域		燃气管道老化破损燃气泄漏，导致食堂火灾爆炸等事故	相关专业人员作业
53	功能性区域	特定区域		餐具消毒不彻底导致细菌滋生，引发员工食物中毒或感染肠道等疾病	相关专业人员作业
54	试飞工作区	机坪	飞行控制区	机坪作业时未正确佩戴反光标示易被车辆碰伤	相关专业人员作业
55	试飞工作区	机坪	飞行控制区	地面试验时人员未站在限制区域外，被试验器材、车辆或航空器碰伤	相关专业人员作业
56	试飞工作区	机库	机库	开关机库大门时未站在安全区域内，被机库大门碰伤	相关专业人员作业
57	试飞工作区	机库	机库	机库地板有水未及时清理或未设置警示标志，导致人员滑倒摔伤	相关专业人员作业
58	试飞工作区	飞行控制区	飞行控制区	现场工作梯损坏未及时维修，工作梯损坏造成人员摔伤	相关专业人员作业
59	试飞工作区	飞行控制区	飞行控制区	现场工作梯未锁上，工作梯滑动碰伤其他人员；梯上工作人员摔伤	相关专业人员作业
60	试飞工作区	飞行控制区	外场	跟试作业时间不规律，人员需要随时待命，不能有规律的作息，对身体造成伤害	相关专业人员作业

E.2　试飞保障岗位安全风险识别样例

试飞保障岗位风险识别样例如表 E.2 所示。

表 E. 2　试飞保障岗岗位风险识别样例

工作任务	工作步骤	危险源名称	现有风险控制措施
签订机场保障合同	机场保障需求	机场保障需求识别不充分、不全面	根据型号任务具体情况,由相关业务安全管理部门开展试飞机场的调研,并形成调研报告,充分识别机场保障需求
	签署机场安全协议	机场安全协议未签署或过期	按要求及时签署或校核机场安全协议
试飞准备过程门禁管理	试飞准备进入条件	不满足试飞准备过程进入的条件	根据型号任务具体情况,由相关业务安全管理部门开展试飞机场的调研,并形成调研报告,充分识别机场保障需求
	试飞准备过程检查	检查不到位	根据试飞任务类型判断试飞准备过程检查形式、时间和频次,依据门控制标准及要求开展逐项检查
参与现场保障	接受机场安全培训	违反机场安全管理规定	根据型号任务具体情况,由相关业务安全管理部门开展试飞机场的调研,并形成调研报告,充分识别机场保障需求
	进入试飞现场	未正确佩戴劳防用品	进入试飞现场及时提醒正确佩戴劳防用品

附录 F 应急管理类安全风险识别样例

F.1 应急管理场景安全风险识别样例

应急管理场景安全风险识别样例如表 F.1 所示。

表 F.1 应急管理场景安全风险识别样例

序号	一级场景	二级场景	三级场景	危险源描述	关联过程任务接口
1	试飞工作区	飞行控制区	飞行控制区	生产安全岗在飞行控制区内进行现场安全督查时,未穿戴反光背心上岗,存在被车辆或航空器碰伤、撞伤的风险	相关专业人员作业
2	试飞工作区	飞行控制区	航空器周围	生产安全岗在飞行控制区内进行现场安全督查时,因航空器雷达未关闭,存在对人员产生辐射的风险	相关专业人员作业
3	试飞工作区	飞行控制区	飞行控制区	生产安全岗在飞行控制区内进行现场安全督查时,存在航空器噪声对人员听力造成损害的风险	试飞运行
4	试飞工作区	飞行控制区	飞行控制区	生产安全岗在飞行控制区内进行现场安全督查时,存在航空器尾气对人员产生危害的风险	试飞运行
5	试飞工作区	飞行控制区	飞行控制区	生产安全岗在飞行控制区内进行现场安全督查时,因试飞机组误操作导致发动机启动并且不在慢车位,存在将人员吸入发动机的风险	相关专业人员作业
6	试飞工作区	飞行控制区	飞机现场	生产安全岗在进行现场安全督查时,高温环境使人员中暑	相关专业人员作业
7	特殊作业环境	高寒	高寒试飞机场	生产安全岗在高寒试飞机场内进行现场安全督查时,低温环境使人员冻伤	相关专业人员作业

（续表）

序号	一级场景	二级场景	三级场景	危险源描述	关联过程任务接口
8	特殊作业环境	高原	高原试飞机场	生产安全岗在高原试飞机场内进行现场安全督查时，人员出现高原反应	相关专业人员作业
9	特殊作业环境	高原	高高原试飞机场	生产安全岗在高高原试飞机场内进行现场安全督查时，人员出现高原反应，严重者发生休克、肺水肿	相关专业人员作业
10	特殊作业环境	高原	平原地区醉氧反应	生产安全岗长期在高原/高高原机场作业回平原后，容易突发醉氧反应	相关专业人员作业
11	功能性区域	行政办公区	办公室	装修后未做好通风工作，引发室内空气污染，对人员身体健康造成威胁	相关使用人员
12	功能性区域	行政办公区	办公室	办公区域内，违规使用电器设备，人员触电引发火灾	相关使用人员
13	飞机	机上	机上试验的检验工作	机上测试改装检验人员进行机上地面试验检验过程中，对机载设备操作不当，导致设备损坏	相关专业人员作业
14	飞机	机上		飞机高电压信号测试过程中，操作人员在设备调试和安装拆除时操作不当，存在电击风险	相关专业人员作业
15	飞机	机上		机上测试改装人员进行压力扫描阀供气单元气体压力调节时，检验人员在机上没有明确的开和关方向标识的情况下，未识别到操作人员旋转方向不对导致设备损坏	相关专业人员作业
16	飞机	机上		机上测试改装检验人员在飞机上进行模拟电负载系统检查时，人员操作不当导致触电、被负载箱烫伤，电源线路磨损导致短路保护等	相关专业人员作业
17	飞机	机上		机上测试改装检验人员在飞机上进行着色水系统检查维护时，发生管路泄漏或清洗过程中液体挥发导致化学中毒	相关专业人员作业
18	飞机	机上		机上测试改装检验人员在进行重心调配系统检查维护时，须进行给飞机重心调配系统注、放水操作，搬运地面储水箱存在扭、砸伤风险	相关专业人员作业

（续表）

序号	一级场景	二级场景	三级场景	危险源描述	关联过程任务接口
19	飞机	机上		机上测试改装检验人员在进行检验可收放拖锥操作、检查、维护过程中有被拖锥绞盘夹伤、拖锥手动摇动手柄打伤风险；拖锥悬挂在垂尾尾部，被大风刮起造成对飞机的损伤风险	相关专业人员作业
20	功能性区域	地面改装区域	测试改装实施	测试改装检验人员在进行高空作业检验过程中存在人员、工具、零部件等坠落产生坠击伤害；用于高空作业的工装架上遗留器物坠落产生的对人、产品的坠击伤害	相关专业人员作业
21	功能性区域	地面改装区域		测试改装检验人员进行改装检验过程中工具、零件部件、设备坠落时对人、产品砸伤；坠落物品自身损坏	相关专业人员作业
22	功能性区域	库房		测试改装检验人员在使用密封剂、胶水、着色水等含有机溶剂的材料工作过程中，以上材料对人、机造成伤害	相关专业人员作业
23	功能性区域	库房		测试改装检验人员在从事供气单元充气、打压试验等检验工作过程中，高压的气体、液体对人、产品的伤害	相关专业人员作业
24	功能性区域	机上		测试改装检验人员在现场实施检验工作中，人员身体被机上环境中的机械锐角、坚硬金属物等碰擦，造成伤害	相关专业人员作业
25	功能性区域	机上		测试改装检验人员从事天线、雷达等OATP试验时，电磁辐射对人的伤害	相关专业人员作业
26	功能性区域	地面改装区域		测试改装检验人员被高温的测试设备（电负载箱、功率放大器、遥测发射机等）烫伤	相关专业人员作业
27	功能性区域	地面改装区域		测试改装检验人员在从事照明、做线、供电检查、蓄电池维护等带电作业检验过程中人员触电伤害；短路引起设备损坏；短路引起火灾	相关专业人员作业
28	功能性区域	地面改装区域		测试改装检验人员在测试改装检验工作过程中被飞机起落架、起落架舱门夹伤	相关专业人员作业

（续表）

序号	一级场景	二级场景	三级场景	危险源描述	关联过程任务接口
29	功能性区域	机上		测试改装检验人员在舵面区域测试改装时被飞机起舵面掉落砸伤；液压油泄漏腐蚀工作人员皮肤、眼睛；人或者工具、设备从舵面上坠落	相关专业人员作业
30	功能性区域	机上		测试改装检验人员在狭小区域开展测试改装检验工作期间，人员被划伤、扎伤、踩坏飞机产品等	相关专业人员作业
31	功能性区域	地面改装区域		工装、型架、工作梯搬运过程中人员压伤、扭伤，飞机被磕碰；升降车、长颈鹿等驾驶时碰撞人员、飞机，车上工作人员坠落等	相关专业人员作业
32	功能性区域	地面改装区域		测试改装检验人员在高空作业，吊装作业过程中人、工具、零部件等坠落产生坠击伤害；用于高空作业的工装架上遗留器物坠落产生的对人、产品的坠击伤害；高空作业车对飞机造成碰撞危害	相关专业人员作业
33	功能性区域	行政办公	公共区域	室外台阶雨雪、室内地面存水未及时清理，人员大意滑倒、摔伤	相关使用人员
34	功能性区域	行政办公区	办公区域	电源插座接入太多设备造成功率过大或插座连接插座造成功率超标，易造成设备过热	相关使用人员
35	功能性区域	行政办公区	办公区域	可燃物与插座混放导致漏电或设备过热而引起火灾等	相关使用人员
36	功能性区域	特定区域	门卫	对于来访人员核查和登记不严格，不能控制进场人员的资质	相关专业人员作业
37	功能性区域	行政办公区	办公区域	长期伏案工作造成颈椎病、用眼过度等身体异样	相关使用人员
38	试飞工作区	飞行控制区	飞行控制区	机坪作业时未正确佩戴反光标示易被车辆碰伤	相关专业人员作业
39	试飞工作区	飞行控制区	飞行控制区	地面试验时人员未站在限制区域外，被试验器材、车辆或航空器碰伤	相关专业人员作业

（续表）

序号	一级场景	二级场景	三级场景	危险源描述	关联过程任务接口
40	试飞工作区	机库	机库	开关机库大门时未站在安全区域内,被机库大门碰伤	相关专业人员作业
41	试飞工作区	机库	机库	机库地板有水未及时清理或未设置警示标志,引起人员滑倒摔伤	相关专业人员作业
42	试飞工作区	飞行控制区	飞行控制区	现场工作梯损坏未及时维修,工作梯损坏造成人员摔伤	相关专业人员作业
43	试飞工作区	飞行控制区	飞行控制区	现场工作梯未锁上,工作梯滑动碰伤其他人员;梯上工作人员摔伤	相关专业人员作业
44	试飞工作区	飞行控制区	外场	跟试作业时间不规律,人员需要随时待命,不能有规律的作息,对身体造成伤害	相关使用人员

F.2　应急管理岗位安全风险识别样例

应急管理各岗位安全风险识别样例如表 F.2～表 F.4 所示。

表 F.2　型号安全质量适航核查技术岗岗位安全风险识别样例

工作任务	工作步骤	危险源名称	现有风险控制措施
试飞现场安全督查	控制区内、机坪、机上、库房、危险作业现场等实施安全督查	存在 FOD	严格执行《异地机场安全管理》《试飞现场关键疲劳岗位管理指南》,在试飞现场密切关注 FOD、磕碰飞机、设备、高空坠物、有毒有害物品中毒、人员疲劳等情况发生
		磕碰飞机、设备	
		高空坠物	
		有毒有害物品中毒	
		人员疲劳	

表 F.3　生产安全岗岗位安全风险识别样例

工作任务	工作步骤	危险源名称	现有风险控制措施
安全隐患排查治理	编制安全隐患排查检查表	检查表中的检查项有缺失	参照《民机试飞安全检查要点样例》开展安全隐患排查
	跟踪隐患整改落实情况	隐患整改落实不到位	按照组织绩效考核办法实施管控,确保隐患整改到位

表 F.4　试飞安全岗岗位安全风险识别样例

工作任务	工作步骤	危险源名称	现有风险控制措施
型号现场安全放飞	编制发布应急变量表	变量表未及时发布	试飞任务单发布后,及时发布应急变量表
	编制签审非机组	审批人员及物品与上机人员和物品不一致	直接准备会前再次同试飞工程师确认上机人员和物品
	分发确认科目风险降低措施	风险降低措施未有效落实	对各团队风险降低措施落实情况进行抽查
	确认消防车、救护车及人员到位情况	车辆及人员未及时到位	同应急保障单位签署安全保障协议,并建立试飞应急联络群及时传递飞行计划
	进行试飞应急监控	人员未到岗,紧急情况下信息传递不到位	飞行期间,安排安全人员进行现场应急监控
	签署放飞确认单	人员资质不符合要求	明确人员资质样例及资质有效期等情况

参考文献

［1］ 徐伯龄. 前车之鉴——新中国民航飞行安全回顾与思考［M］. 北京:中国民航出版社,2002.

［2］ 王昌顺. 中国民航安全管理研究［D］. 合肥:中国科学技术大学,2008.

［3］ 王昌顺,孙健,熊杰. 我国民航安全周期波动的谱分析研究［J］. 中国软科学,2006(11):116 - 119.

［4］ 王昌顺,孙健,熊杰. 我国民航安全周期波动转折点预测方法的研究［J］. 中国科技产业,2006(12):66 - 68.

［5］ 孙瑞山. 飞行事故统计指标体系研究报告［R］. 2003.

［6］ SUN R. Aviation accidents analysis and prevention strategy ［C］// 2002 International Sympososium on Safety Science and Technology (2002 ISSST), Vol. 3, Tai'an China,2002.

［7］ 民航安全科学研究所. 航空安全资源报告系统［EB/OL］. http://scass. air-safety. com/index. asp

［8］ 焦健,孙瑞山. 飞行中情景意识探讨［J］. 中国民航学院学报,2006,24(S1):69 - 70.

［9］ 孙瑞山,李环. 如何减少安全信息分析中的偏见［J］. 中国民航大学学报,2007,25(S1):73 - 74.

［10］ 汪磊,孙瑞山. CFIT 事故中的人为因素［J］. 中国民航大学学报,2007,25(S1):80 - 82.

［11］ 王永刚,张朋鹏. 基于组织因素的航空安全评价与分析［J］. 安全与环境学报,2007,7(1):147 - 149.

［12］ 王永刚,张秀艳,刘玲莉,等. 国内外民航 SMS 的建设进展［J］. 中国民用航空,2009,98(2):31 - 33.

［13］ 王永刚,吴潘根. 民航安全中人的因素研究方法综述［J］. 中国安全科学学报,2010,20(1):84 - 89＋124.

［14］ 熊安毅,王永刚. 基于神经网络的模糊理论在民航安全管理风险评价中的应用［C］. 中国职业安全健康协会 2008 年学术年会年论文集,2008,中国海口:509 - 514.

［15］ 吕学梅,王永刚,荆增强. 风险管理在民航事故预防中的应用［J］. 安全与环境学报,2006,6(S1):153 - 155.

［16］ 王永刚,吕学梅. 民航事故征候的灰色马尔可夫预测［J］. 安全与环境学报,2008,8(1):

163 - 165.

[17] 房牧春. 论项目风险管理在民用飞机研制 IPD 模式下的应用[J]. 现代国企研究,2015 (16):31.

[18] 罗帆,佘廉. 航空交通灾害预警管理[M]. 石家庄:河北科学技术出版社,2004.

[19] 宋磊. 航空公司交通灾害预警管理系统研究[D]. 武汉:武汉理工大学,2002.

[20] 王华伟,左洪福. 航空公司安全评估研究[J]. 系统工程,2006,24(2):46 - 51.

[21] 胡明华. 我国空管安全管理体系实然性研究[J]. 南京航空航天大学学报(社会科学版), 2007,9(1):43 - 46.

[22] XIE Z, SHU P, YU L, et al. FOQA project in China [C]. Proceedings of Joint Meeting of the FSF 57 Annual International Air Safety Seminar IASS, IFA 34h International Conference and IATA. Shanghai: Flight Safety Foundation, November 2004.

[23] 栗牧怀,刘恩祥,何珮,等. 民航安全经济学应用研究[R]. 北京:中国民用航空局航空安全技术中心,2007.

[24] 杨英宝,李敬,俞力玲,等. 民航安全风险监测方法研究[R]. 北京:中国民用航空局航空安全技术中心,2009.

[25] 饶弘,李明. 针对空管运行风险管控的情景预警决策模型仿真分析[J]. 信息系统工程, 2022(1):44 - 47.

[26] 唐家文,董兵. 基于组合赋权的空管系统安全风险物元评价[J]. 航空工程进展,2021,12 (01):30 - 38.

[27] 陈思. 关于空管安全风险管理信息系统分析[J]. 数码世界,2018,153(7):353.

[28] 华晓晨. 基于问题管理的空管安全风险管理模式研究[J]. 科技视界,2016,161(2): 249 - 250.

[29] 邱建成,林海涛. 空中交通管制通信网安全风险预警技术研究[J]. 科技视界,2015,156 (33):112 - 113.

[30] 周舒红. 航空公司飞行安全管理体系实施研究:以南航湖北分公司为例[D]. 南京:南京航空航天大学,2019.

[31] 谷倩倩. 航空公司飞行安全风险管理技术研究[D]. 南京:南京航空航天大学,2018.

[32] 李明捷,黄诗轶. 通用机场机坪运行安全风险评估方法研究[J]. 航空工程进展,2022,13 (1):86 - 92.

[33] 杰费里·R. 麦金太尔. 安全思想综述[M]. 王永刚,译. 北京:中国民航出版社,2007.

[34] ADLER N, GELLMAN A. Strategies for managing risk in a changing aviation environment [J]. Journal of Air Transport Management, 2012, 21:24 - 35.

[35] BAGHDADI A, KISHK M. Saudi Arabian aviation construction projects: identification of risks and their consequences [J]. Procedia Engineering, 2015, 123:32 - 40.

[36] MENDES N, VIEIRA J G V, MANO A P. Risk management in aviation maintenance: a systematic literature review [J]. Safety Science, 2022, 153,105810.

[37] 张琼,彭天池,王俊杰. 基于场景的国产民机试飞安全培训体系建设实践[J]. 民航管理, 2021(6):76 - 80.

[38] ZHANG Q, WANG J, ZHANG H, et al. Research on quantitative evaluation method of test flight risk based on fuzzy theory [C]// Proc. SPIE 12604, International Conference on Computer Graphics, Artificial Intelligence, and Data Processing (ICCAID 2022), 2023.

缩略语

E

ETA   event tree analysis   事件树分析

F

FTA   fault tree analysis   故障树分析

H

HAZOP   hazard and operability analysis   危险与可操作性分析

I

ICAO   International Civil Aviation Organization   国际民航组织

J

JHA   job hazard analysis   工作危害分析
JSA   job safety analysis   工作安全分析
JSL   job safety list   岗位安全风险动态评估表

L

LEC   likelihood exposure consequence   作业条件危险性分析
LS   risk matrix method   风险矩阵

P

PHA   preliminary hazard analysis   预先危险性分析

S

SCL   safety check list   质量安全检查表
SOF   safety of flight   试飞安全评估
SRB   Safety Review Board   试飞安全审查委员会
SWOT   strengths weaknesses opportunities threats   态势分析

T

THA   flight test hazard analysis   试飞风险分析

索　引